建筑工程设计常见问题汇编

结 构 分 册

孟建民 主 编
陈日飙 执行主编
深圳市勘察设计行业协会 组织编写

中国建筑工业出版社

图书在版编目（CIP）数据

建筑工程设计常见问题汇编．结构分册／孟建民主编；深圳市勘察设计行业协会组织编写．—北京：中国建筑工业出版社，2021.1 （2021.6重印）

ISBN 978-7-112-25850-5

Ⅰ.①建… Ⅱ.①孟… ②深… Ⅲ.①建筑结构—结构设计—问题解答 Ⅳ.①TU2-44

中国版本图书馆CIP数据核字（2021）第024843号

责任编辑：费海玲　张幼平

责任校对：刘梦然

建筑工程设计常见问题汇编　结构分册

孟建民　主　　编

陈日飙　执行主编

深圳市勘察设计行业协会　组织编写

*

中国建筑工业出版社出版、发行（北京海淀三里河路9号）

各地新华书店、建筑书店经销

北京红光制版公司制版

北京富诚彩色印刷有限公司印刷

*

开本：880毫米×1230毫米　1/16　印张：13¼　字数：369千字

2021年2月第一版　2021年6月第二次印刷

定价：**75.00**元

ISBN 978-7-112-25850-5

（36703）

《建筑工程设计常见问题汇编》
丛书总编委会

《建筑工程设计常见问题汇编　结构分册》
编　委　会

序

40年改革创新，40年沧桑巨变。深圳从一个小渔村蜕变成一座充满创新力的国际化创新型城市，创造了举世瞩目的“深圳速度”。2019年《关于支持深圳建设中国特色社会主义先行示范区的意见》的出台，不仅是对深圳过去几十年的创新发展路径的肯定，更是为深圳未来确立了创新驱动战略。从经济特区到社会主义先行示范区，深圳勘察设计行业是特区的拓荒牛，未来将继续以开放、试验和示范的姿态，抓住粤港澳大湾区建设重要机遇，为社会主义先行示范区的建设添砖加瓦。

2020年恰逢深圳经济特区成立40周年。深圳勘察设计行业集结多方技术力量，总结经验、开拓进取，集百家之长，合力编撰了《建筑工程设计常见问题汇编》系列丛书，作为深圳特区成立40周年的献礼。对于工程设计的教训和问题的总结，在业内是比较不常见的，深圳的设计行业率先将此类经验整合出书，亦是一种知识管理的创新。希望行业同仁深刻认识自身的时代责任，再接再厉、砥砺奋进，坚持践行高质量发展要求，继续助力深圳成为竞争力、创新力、影响力卓著的全球标杆城市！

2021年1月

前 言

我国在现阶段的主要目标和任务是，在生产发展和社会财富增长的基础上不断满足人民日益增长的美好生活需要。提高建筑工程质量是全社会各阶层的共同需求，建筑产品是影响人们生活、工作和学习最重要的产品之一，而影响建筑产品质量的关键因素之一是设计质量。

深圳市是改革开放的前沿城市，是中国特色社会主义先行示范区，要做高质量发展的高地、城市文明的典范、民生幸福的标杆、可持续发展的先锋。深圳也是建筑业发展非常迅速和充分的城市，实践的工程多，遇到的问题多，积累的经验也多。

为了提高青年建筑师与工程师的设计水平和设计质量，在孟建民院士的主持和号召下，深圳市勘察设计协会组织深圳市各大设计机构的专家，广泛向一线设计人员征集问题，在此基础上，编委会对问题进行了筛选、归并、整理、讨论和修改，汇编成初稿，同时也邀请中国建筑设计院有限公司尤天直顾问总工、广州市设计院王松帆副总工程师、柏涛国际工程设计顾问（深圳）有限公司王兴法总工程师三名外部专家进行了评审，并贯彻了评审专家的主要意见。在此向提供资料的设计人员、编委及评审专家一并致谢。

结构分册以现行规范、规程为依据，以常见的问题为编辑的对象，注重代表性和实用性，方便读者对照阅读，将问题分类为设计要求、地基与基础、地下室、上部结构、计算分析、构造及其他问题等。本书可供结构设计人员、施工图审查人员、建设项目技术管理人员及施工技术人员参考使用，也可供大专院校师生参考。

限于编者的知识和经验，书中难免有错漏及不妥之处，欢迎广大读者批评指正。

目　录

第1章　设　计　要　求

1.1　设计标准

问题【1.1.1】

问题描述：

综合体项目除地上有商场外，地下一层部分或全部经常设置商场，地上商场和地下一层商场的抗震设防类别取值有误。

原因分析：

近年来随着综合体项目的蓬勃发展及地下空间的综合利用，地上和地下同时设置商场的情况非常普遍，但规范对此类建筑的抗震设防类别如何确定没有明确规定。

应对措施：

原则上按疏散出入口的“管辖”范围进行统计，地上及地下均有商场，且地下商场没有设置独立的疏散口，地下区段抗震设防类别应按地上商场和该部分地下商场人流及面积之和进行统计，然后按《建筑工程抗震设防分类标准》GB 50223—2008划分抗震设防类别。

问题【1.1.2】

问题描述：

混凝土结构改、扩建及加固工程的设计使用年限（从改、扩建及加固后起算），设计未明确规定。

原因分析：

由于改、扩建及加固项目情况比较复杂，项目使用时间长短不一，可能涉及使用功能的改变、结构体系的改变和设计执行国家标准及规范的变化等，还可能会涉及“烂尾楼”项目，所以设计使用年限不易确定。

应对措施：

1）《混凝土结构加固设计规范》GB 50367—2013对此有明确规定。其第3.1.7条为：“1.结构加固后的使用年限，应由业主和设计单位共同商定；2.当结构的加固材料中含有合成树脂或其他聚合物成分时，其结构加固后的使用年限宜按30年考虑；当业主要求结构加固后的使用年限为50年时，其所使用的胶和聚合物的粘结性能，应通过耐长期应力作用能力的检验；3.使用年限到期后，当重新进行的可靠性鉴定认为该结构工作正常，仍可继续延长其使用年限。”

2）对于“烂尾楼”或类似情形的工程，首先进行结构安全鉴定，再根据鉴定的结论，采取相应措施，以确保工程满足相关现行规范、标准要求。设计使用年限可根据建设过程的时间跨度、鉴定结果等综合因素，与业主商定，一般从竣工验收后开始计算。

3）加固后的使用年限加已使用时间，应不小于原设计的使用年限，且不小于30年。

问题【1.1.3】

问题描述：

其一抗浮水位取勘察期间实测的最高水位，其二坡地建筑抗浮设计水位不知道该如何取值。

原因分析：

设计人员未充分理解抗浮水位相关内容。一般来说，勘察报告会提供一个勘察期间的场地最高水位，同时也会提供一个抗浮设计水位，两者含义是不同的，不应该混用，否则会导致结构抗浮存在安全隐患。

应对措施：

抗浮设计水位应采用建筑物使用期间地下水的峰值水位，一般来说必须预测未来至少50年内的风险值，不能以勘察期间的水位作为抗浮设计的依据。抗浮设计水位与设计地面标高相关，而实测最高水位往往是针对原场地而言的，地面标高改变时，地下水位也会随之变化。所以勘察单位必须结合上述的变化提出抗浮设计水位。对于坡地上的建筑，当场地面积很大时，应将场地进行分区，将分区附近30～40m范围内最低处地面标高或该区单栋建筑物室外地面最低处标高作为抗浮设计水位。

总之，抗浮设计水位要考虑所在地段、周围环境的变化及基坑回填状况等因素，同时还应考虑抗浮是临时还是永久，是重要建（构）筑物还是一般建（构）筑物等因素综合确定。设计人员有疑惑时，应和相关勘察单位进行沟通，必要时可组织专家论证会，以免取值不妥造成安全事故。

问题【1.1.4】

问题描述：

未按规定复核地下室顶、底、外墙及屋面等临水土面混凝土构件的裂缝宽度。

原因分析：

设计人员对混凝土构件的防水和耐久性意识淡薄。若未按规定控制临水土面混凝土构件的裂缝宽度，则混凝土结构的防水性及耐久性难以得到保证。

应对措施：

复核地下室顶板、底板、外墙及屋面板等临水土面混凝土构件的裂缝宽度，按不大于0.2mm进行相关控制，保证钢筋混凝土结构的防水性与耐久性。为了达到较经济的目的，验算地下室混凝土构件正常使用工况下的裂缝宽度时可采用常年水位（比最高水位低）。另外，在计算裂缝宽度时，可按《混凝土结构耐久性设计标准》GB/T 50476—2019第3.5.4条，即迎水面钢筋保护层厚度按30mm计算裂缝宽度。计算外墙时，可考虑竖向荷载作用。

问题【1.1.5】

问题描述：

超高层住宅或公寓单元内使用人数超过8000人，在设计中仍然按照标准设防类进行抗震设防。

原因分析：

对超高层住宅或公寓结构单元内经常使用人数未进行预测和统计，按惯性思维考虑，住宅或公寓按标准设防类（丙类）进行抗震设防。

应对措施：

随着住宅或公寓建筑愈建愈高，一些小户型的超高层住宅或公寓使用人数可能会超过8000人，设计师应对结构单元内经常使用人数进行预测和统计，当结构单元内经常使用人数超过8000人时，抗震设防类别应按重点设防类（乙类）进行抗震设防。

问题【1.1.6】

问题描述：

设计单位未在设计文件中注明涉及危大工程的重点部位和环节，提出保障工程周边环境安全及工程施工安全的意见。

原因分析：

设计人员在关注国家和地方规范与标准的同时，应了解国家及地方现行的法律法规要求。本条危险性较大的分部分项工程是指建筑工程在施工过程中存在的、可能导致作业人员群死群伤或造成重大不良社会影响的分部分项工程。

应对措施：

依据住房和城乡建设部《危险性较大的分部分项工程安全管理规定》（建办质〔2018〕37号）和广东省住房和城乡建设厅关于《危险性较大的分部分项工程安全管理办法》的实施细则（粤建质〔2011〕13号），设计人员应结合项目施工图设计中可能存在涉及超过一定规模、危险性较大的分部分项工程情况，依据《危险性较大的分部分项工程安全管理办法》的通知（质建〔2009〕87号）附则上所列工程范围的全部内容，在设计文件中注明涉及危大工程的重点部位和环节，提出保障工程周边环境安全及工程施工安全的意见，必要时应进行专项设计，提供安全技术措施设计文件，并要求施工单位针对危险性较大的分部分项工程，单独编制安全技术措施文件。

问题【1.1.7】

问题描述：

某中小学教学楼，平面布置为单跨外廊式结构，短向（*Y*向）为单跨框架-剪力墙结构，长向（*X*向）为多跨框架结构体系，不满足《建筑抗震设计规范》GB 50011—2010（2016年版）第

6.1.5 条抗震墙应双向设置的规定。

原因分析：

中小学教学楼的建筑使用功能及布局要求，实际设计中平面布置为单跨外廊式结构居多。

应对措施：

依据《建筑工程抗震设防分类标准》GB 50223—2008 第 6.0.8 条，教育建筑中，幼儿园、小学、中学的教学用房以及学生宿舍和食堂，抗震设防类别应不低于重点设防类（乙类）。《建筑抗震设计规范》GB 50011—2010（2016 年版）第 6.1.5 条规定，甲、乙类建筑以及高度大于 24m 的丙类建筑，不应采用单跨框架结构。因此，幼儿园、小学、中学的教学用房，单跨结构尽量布置成框架-剪力墙结构，剪力墙宜沿两个主轴方向设置。此类建筑布置短向（Y 向）为单跨框架-剪力墙结构，长向（X 向）为多跨框架结构体系，其要求短向（Y 向）应满足框架-剪力墙结构的位移角要求，按框架-剪力墙结构设计，长向（X 向）按框架结构设计，位移角要求适当加严，抗震等级按框架结构的抗震等级，且两个方向周期不宜相差太远。对剪力墙应考虑：①X 向平面外弯矩；②剪力墙须设置端柱；③应注意剪力墙底部基础的嵌固，基础应有良好的整体性和抗转动能力；④单片剪力墙承受剪力不超过总剪力的 30%。在万不得已必须布置成单跨框架结构时，应采取有效措施进行抗震性能化设计，结构抗震性能目标不应低于 C 级，关键构件提高到 B 级。

问题【1.1.8】

问题描述：

有些建筑装饰构件（如小悬挑梁或板）截面尺寸较大时，如按钢筋混凝土构件中纵向受力钢筋的最小配筋率配筋，则十分浪费。

原因分析：

建筑专业为了造型对构件有截面尺寸的要求，其截面并非结构受力需要。

应对措施：

《混凝土结构设计规范》GB 50010—2010（2015 年版）第 8.5.3 条规定："对结构中次要的钢筋混凝土受弯构件，当构造所需截面高度远大于承载的需求时，其纵向受拉钢筋的配筋率可按下列公式计算：$\rho_s \geqslant \frac{h_{cr}}{h}\rho_{min}$，$h_{cr} = 1.05\sqrt{\frac{M}{\rho_{min} f_y b}}$。"

式中：ρ——构件按全截面计算的纵向受拉钢筋的配筋率；

ρ_s——构件按全截面计算的纵向受拉钢筋的配筋率；

ρ_{min}——纵向受拉钢筋的最小配筋率，按《混凝土结构设计规范》GB 50010—2010（2015 年版）第 8.5.1 条取用；

h_{cr}——构件截面的临界高度，当小于 $h/2$ 时取 $h/2$；

h——构件截面的高度；

b——构件截面的宽度；

M——构件的正截面受弯承载力设计值。

问题【1.1.9】

问题描述：

在较陡斜坡上建造的框架房屋，由于位于坡下方的柱子长度往往是位于坡上方柱子长度的几倍，而且最下方的柱可能仅有一排，此时如不采取相应措施，则扭转位移比往往无法满足规范要求。

应对措施：

各柱布置应该按实际情况输入计算。选用的软件计算模型应反映结构的实际几何及受力情况。如抗扭不满足要求，可考虑采用加大柱截面、增多一排柱或加设横向约束（如框架梁、支撑或剪力墙等）措施来解决。当位移角很小时，扭转位移比可适当放松。

问题【1.1.10】

问题描述：

综合体或综合楼（如下部裙房为多层商业，上部住宅），设计楼面墙、柱、基础时，楼面活荷载标准值的折减系数取值有误，部分设计人员仅按程序设定系数（住宅类）进行折减。

原因分析：

作用在楼面上的活荷载，不可能按标准值大小同时满布在所有楼面上，因此在设计梁、墙、柱和基础时，还要考虑实际荷载沿楼面分布的变化情况，允许按楼面活荷载标准值乘以折减系数，楼面活荷载标准值折减系数不仅和楼面均布活荷载类别相关，同时也和建筑物的层数有关。

应对措施：

《建筑结构荷载规范》GB 50009—2012 第 5.1.2 条规定：“设计墙、柱和基础时，本规范表 5.1.1 中的楼面活荷载折减系数取值不应小于下列规定：

1）第 1（1）项应按表 5.1.2 规定采用。

表 5.1.2 活荷载按楼层的折减系数

墙、柱和基础计算截面以上的层数	1	2～3	4～5	6～8	9～20	>20
计算截面以上各楼层活荷载总和的折减系数	1.00（0.90）	0.85	0.7	0.65	0.60	0.55

注：当楼面梁的从属面积超过 25m^{2}时，应采用括号内的系数。

2）第 1（2）～7 项应采用与其楼面梁相同的折减系数。

在计算时按房间属性输入活荷载，对特殊部位的墙、柱、梁可单独指定活荷载折减系数。

如：20 层以上的综合体（下部裙房为多层商业、上部为住宅），住宅楼层应考虑 0.55 的楼面活荷载折减系数，但裙房商业楼层应采用与其楼面梁相同的折减系数，也就是按 0.9 折减，所以总体折减系数应按实际情况选取，基础也可按楼层的加权平均值考虑。

问题【1.1.11】

问题描述：

施工起拱要求未考虑因大跨度引起相邻跨反拱的情况。

原因分析：

设计人员对挠度验算结果未认真分析。在施工时，按总说明要求统一起拱，在大小跨梁、板中，可能导致小跨梁、板原本计算中出现反拱的部位继续起拱，在使用荷载加上以后反拱不能抵消甚至更大，从而影响使用。

应对措施：

结构设计时，应核对结构梁、板具体计算挠度值，若出现反拱情况时，应在图中或施工交底时备注减小或取消施工起拱值。

问题【1.1.12】

问题描述：

同一建筑内因上下使用功能变化，按区段划分的抗震设防分类不符合要求。

原因分析：

建筑物上部按使用功能抗震设防类别划分为重点设防类别，建筑物下部抗震设防类别划分为标准设防类别，上部抗震设防类别高于下部抗震设防类别。

应对措施：

当同一建筑内上下使用功能变化时，允许按区段划分不同的抗震设防分类，但需要注意，当按区段划分时，若上部区段抗震设防类别为重点设防类，则其下部区段抗震设防类别也应为重点设防类别，下部区段的抗震设防类别应不低于其上部区段的抗震设防类别。

问题【1.1.13】

问题描述：

对于平面规则的建筑高宽比很容易确定，但对非规则平面（局部凹凸、复杂平面）的高层建筑高宽比不知道该如何计算。

原因分析：

高层建筑的高宽比虽然规范不作为结构设计的限制性指标，但它仍然是高层建筑结构设计的一项关键指标，它对高层建筑的抗侧刚度、抗倾覆能力、整体稳定性、承载能力、风振舒适度及经济性有着非常重要的影响，特别是超高层建筑的高宽比，其重要性不言而喻。

应对措施：

一般情况下，可按所考虑方向的结构最小宽度计算高宽比，对于突出建筑平面很小的局部结构（如电梯间、楼梯间等），突出部分一般不包括在计算宽度内；对于带裙房的高层建筑，当裙房的面积和刚度相对其上部塔楼的面积和刚度较大时，计算高宽比的建筑高度和宽度可按裙房以上塔楼结构考虑，但无论何种情况，裙房对整体结构的抗侧刚度都会有所贡献；对于复杂平面的高层建筑，可采用等效宽度来代替建筑的最小宽度，建筑平面的等效宽度可近似取建筑物平面回旋半径的3.5倍，从而可近似地计算建筑物的高宽比。如京基100大厦的高宽比为439/42≈10.4。

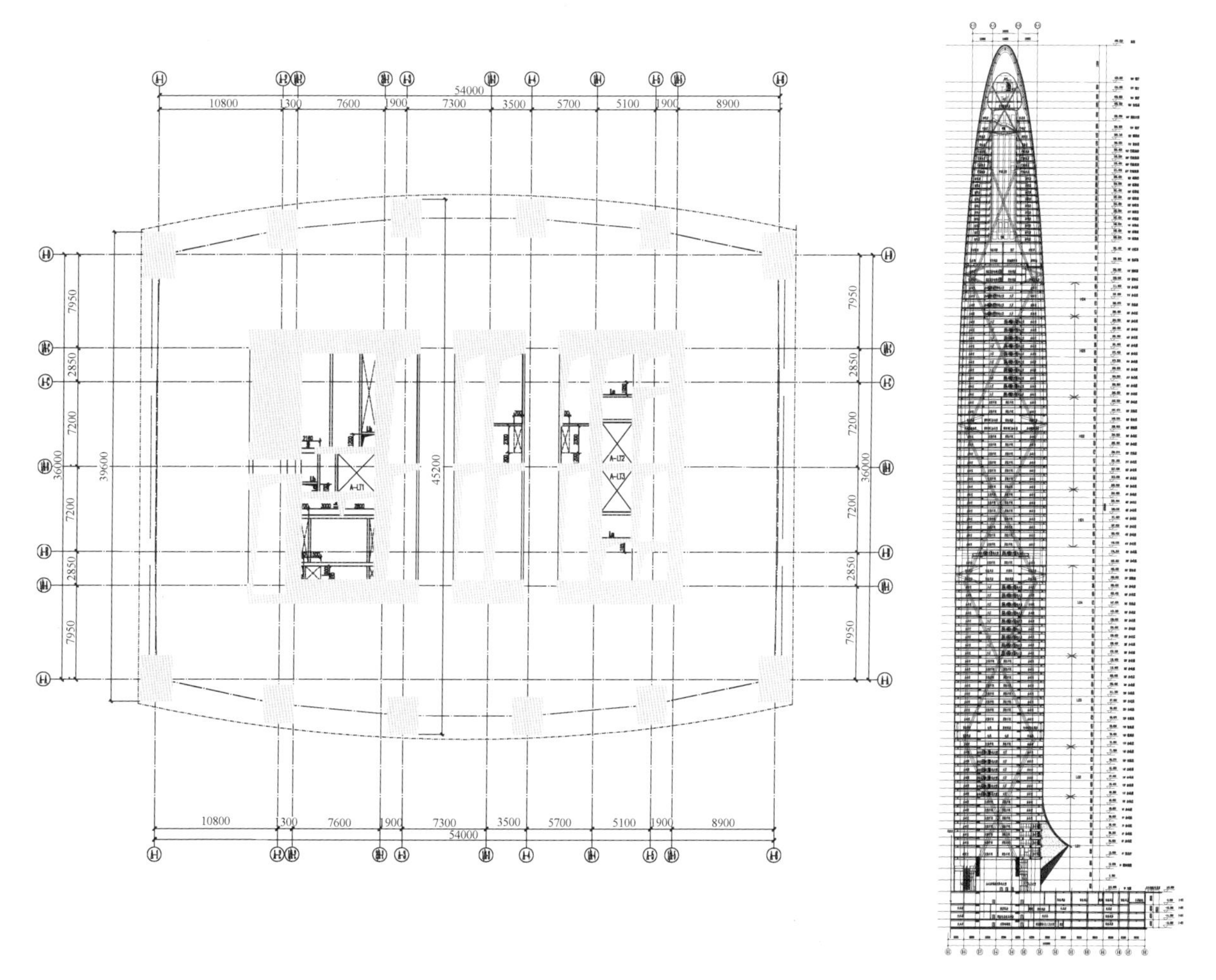

图1.1.13　高宽比

1.2　荷载取值

问题【1.2.1】

问题描述：

位于深圳市的建设项目，结构设计时基本风压一律按《建筑结构荷载规范》GB 50009—2012表E.5中规定取值，取0.75kPa，部分临海的建筑项目可能存在安全隐患。

原因分析：

对地方规范缺乏了解，对深圳风压变化了解不足。

应对措施：

应根据项目建设地点，按照广东省标准《建筑结构荷载规范》DBJ 15—101—2014 进行取值，如深圳市基本风压取值在 0.65～0.90 之间。

问题【1.2.2】

问题描述：

某高层建筑，结构高度超过 60m，结构在构件设计中未按照对风敏感的高层建筑将基本风压放大 1.1 倍，结构风荷载作用下构件内力偏小，存在安全隐患。

原因分析：

根据《高层建筑混凝土结构技术规程》JGJ 3—2010 第 4.2.2 条规定，对风荷载比较敏感的高层建筑，承载力设计时应按基本风压的 1.1 倍采用。

应对措施：

《高层建筑混凝土结构技术规程》第 4.2.2 条的条文说明指出：对风荷载是否敏感，主要与高层建筑的体型、结构体系和自振特性有关，一般情况下，房屋高度大于 60m 的高层建筑，承载力设计时风荷载计算可按基本风压的 1.1 倍采用；但对于正常使用极限状态设计（如位移计算），其要求可比承载力设计适当降低，一般仍可采用基本风压值或由设计人员根据实际情况确定。

问题【1.2.3】

问题描述：

实际工程中，项目的地面粗糙度类别经常取错，导致结构在风荷载作用下构件内力偏小，未反映实际情况，可能存在安全隐患。

原因分析：

地面粗糙度类别指风到达建筑物以前吹越 2km 范围内的地面时，描述该地面上不同障碍物分布情况的等级。根据规范要求，地面粗糙度可以分为 A、B、C、D 四类，A 类指近海海面和海岛、海岸、湖岸及沙漠地区；B 类指田野、乡村、丛林、丘陵及房屋比较稀疏的乡镇；C 类指有密集建筑群的城市市区；D 类指有密集建筑群且房屋较高的城市市区。但在城区项目的设计中，地面粗糙度取 C 类和 D 类的划分，界限不易确定，导致结构参数选取不合理。

应对措施：

在确定项目的地面粗糙度类别时，可按下述原则近似确定：以拟建房 2km 为半径的迎风半圆影响范围内的房屋高度和密集度来区分粗糙度类别，风向原则上以该地区最大风的风向为准，但也可取主导风。以半圆影响范围内建筑物的平均高度 $\overline{h}$ 来划分地面粗糙度类别，$\overline{h}\geqslant$18m，为 D 类；9m$<\overline{h}<$18m，为 C 类；$\overline{h}\leqslant$9m，为 B 类。影响范围内不同高度的面域可按下述原则确定，即每座建筑物向外延伸距离为其高度的面域内均为该高度，当不同高度的面域相交时，交叠部分的高度取大值；平均高度 $\overline{h}$ 取各面域面积为权数计算。

问题【1.2.4】

问题描述：

出屋面结构风荷载体型系数仍按下部楼层平面形状选用。

原因分析：

出屋面结构的受风面积及体型，常和下部结构楼层有所不同。结构风荷载体型系数若仍按下部楼层平面形状选用，可能会低估出屋面结构的风荷载作用效应；当出屋面结构高度较大或体型较复杂时，可能会对出屋面结构或整体结构的安全性造成不利影响。

应对措施：

当出屋面结构的受风面积及体型有较大变化时，出屋面结构的风荷载体型系数值，可按照《建筑结构荷载规范》GB 50009—2012 中相关类型结构的体型系数进行选用，不应盲目地直接按下部楼层平面形状选用风荷载体型系数。

问题【1.2.5】

问题描述：

高层建筑为了造型，塔楼出屋面顶部外围存在较高幕墙，但结构整体计算分析时，未考虑此部分风荷载作用产生的影响。

原因分析：

目前普遍存在高层建筑物塔楼顶部外围护幕墙高出主体结构的情况，但结构整体计算分析时仅算至屋面或电梯机房屋面层，风荷载由程序自动输入。

应对措施：

首先，风荷载作用不能忽视塔楼出屋面顶部外围存在较高幕墙的影响，特别是风压较大地区的高层或超高层建筑，对风荷载作用较为敏感。其次，计算模型应带入和幕墙相关的出屋面屋（构）架，保证风荷载输入能反映实际情况，当然也可将此部分的风荷载作用通过手算后，直接在计算模型中附加输入。

问题【1.2.6】

问题描述：

对于 L 形、十字形、品字形等不规则的平面布置，在设计时往往忽略风荷载作用下的最不利风向角，忽视风对结构的最不利作用方向，从而影响结构安全性。

原因分析：

对于L形、十字形平面等不规则的平面布置，X、Y 方向可能不再是风荷载作用的最不利方向，需要找到结构在风荷载作用下的弱轴方向，若弱轴方向迎风面较大或体型较为复杂，则该方向的风荷载对结构更为不利。

应对措施：

对于平面不规则结构，需通过反复试算得到结构的最不利风向角。对于特别复杂的不规则结构，宜通过风洞试验确定风荷载作用最不利方向。同时应勾选自动计算地震最不利作用方向。

问题【1.2.7】

问题描述：

高层或超高层结构计算时，未考虑横风向振动效应或扭转风振效应的影响，或考虑该效应时，横风向振动效应或扭转风振效应计算时周期未折减。

原因分析：

对于高层或超高层建筑，建筑高度超过150m、结构高宽比较大或矩形平面，当结构顶点风速大于临界风速时，可能引起较明显的横风向振动，其效应随着建筑高度或高宽比增加而增大，甚至出现大于顺风向效应的情况。且结构的自振周期往往对该效应较为敏感，计算时常出现采用的周期值为未考虑周期折减系数的周期值。

应对措施：

对于高层或超高层建筑，在结构计算时选择考虑横风向振动效应和扭转风振效应，计算时周期值应输入按《高层建筑混凝土结构技术规程》JGJ 3—2010第4.3.17条折减后的周期值，以保证计算准确。

问题【1.2.8】

问题描述：

高层建筑群的结构设计中，单栋建筑计算未考虑风荷载作用相互干扰的群体效应。

原因分析：

当建筑群，尤其是高层建筑群，房屋相互间距较近时，由于旋涡的相互干扰，房屋某些部位的局部风压会显著增大，设计时应予以注意。对于比较重要的建筑，建议在风洞试验中考虑周围建筑物的干扰因素。

应对措施：

如无风洞试验数据参考，可根据《建筑结构荷载规范》GB 50009—2012规定，单独建筑物的体型系数乘以相互干扰系数，以考虑风力相互干扰的群体效应。相互干扰系数可按下列规定确定：

对矩形平面高层建筑，当单个施扰建筑与受扰建筑高度相近时，根据施扰建筑的位置，对顺风向风荷载可在 1.00～1.10 范围内选取，对横风向风荷载可在 1.00～1.20 范围内选取。其他情况可比照类似条件的风洞试验资料确定，必要时宜通过风洞试验确定。

问题【1.2.9】

问题描述：

结构计算时未考虑坡屋面处风荷载作用，或坡屋面处风荷载体型系数选取不正确，计算结果导致结构不安全。

原因分析：

结构整体计算时容易疏忽坡屋面处风荷载作用。《建筑结构荷载规范》GB 50009—2012 表 8.3.1 的封闭式坡屋面中规定，风荷载体型系数应根据坡屋面角度确定。

应对措施：

首先，建筑物带有坡屋面时，应考虑此部分的风荷载作用。对于混凝土封闭式双坡屋面，应按照《建筑结构荷载规范》GB 50009—2012 表 8.3.1 的规定采用风荷载体型系数，在模型中需单独定义其体型系数。

问题【1.2.10】

问题描述：

当层高较大时，特别是商业裙房，单层楼梯需四跑或者三跑实现，整体分析时，所有楼梯荷载均采用二跑梯段的折算荷载输入。

原因分析：

层高较大的楼层通常需要设置超过二跑的梯段（如三跑、四跑，甚至五跑），对于超过二跑的楼梯，应按实际楼梯段的折算荷载输入，否则荷载取值会偏小。另外楼梯跨度不同时，其板厚也会不同，其折算荷载也就不一样。

应对措施：

做整体结构计算的人员首先要了解楼梯结构设计，计算时按实际的楼梯跑数及不同板厚折算输入楼梯荷载；或按实际楼梯情况按支撑输入计算模型中。同时注意楼梯荷载的传力路径应与实际情况相吻合。

问题【1.2.11】

问题描述：

人防出入口楼梯均考虑人防荷载；人防楼梯结构计算时仅考虑正面冲击波等效荷载；核武器和常规武器作用下的人防出入口楼梯荷载取值没有差别对待。

应对措施：

战时主要出入口楼梯才需要考虑人防荷载，次要出入口楼梯不需要考虑人防荷载；作用在战时主要出入口楼梯踏步与休息平台上的核武器爆炸动荷载，应按构件正面和反面不同时受力分别计算；常规武器爆炸动荷载作用下人防等效荷载仅考虑楼梯板正面。

问题【1.2.12】

问题描述：

甲类防空地下室基础底板人防等效荷载都按《人民防空地下室设计规范》GB 50038—2005 第4.8.5条规定确定。

原因分析：

地下室底板人防荷载的取值与基础形式有关，而且还与桩的类别和底板下土的类型相关。

应对措施：

《人民防空地下室设计规范》GB 50038—2005 第 4.8.16 条规定，当甲类防空地下室基础采用条形基础或独立柱基础加防水板时，底板上的等效静荷载取值：核 6B 级取 $15kN/m^2$，核 6 级取 $25kN/m^2$，核 5 级取 $50kN/m^2$。无桩时按《人民防空地下室设计规范》GB 50038—2005 第 4.8.5 条规定取值。有桩时防空地下室底板等效静荷载标准值按表 1.2.12 采用。

有桩基钢筋混凝土底板等效静荷载标准（kN/m^2）　　表 1.2.12

底板下土的类型	防核武器抗力级别					
	6B		6		5	
	端承桩	非端承桩	端承桩	非端承桩	端承桩	非端承桩
非饱和土	—	7	—	12	—	25
饱和土	15	15	25	25	50	50

问题【1.2.13】

问题描述：

防空地下室顶板人防等效荷载的取值是否应考虑上部建筑的影响，如何考虑？

应对措施：

防空地下室顶板人防等效荷载的取值是否考虑上部建筑影响会相差 20% 左右。《人民防空地下室设计规范》GB 50038—2005 第 4.3.4 条及第 4.4.4 条对于甲类及乙类防空地下室上部建筑是否计入考虑范畴作了明确规定。特别注意：上部建筑是指人防地下室以上，不一定是地面以上建筑。

问题【1.2.14】

问题描述：

人防地下室隔墙和临空墙的人防荷载取值一样。

原因分析：

设计人员未注意人防地下室隔墙和临空墙的区别。

应对措施：

临空墙为一侧直接接受空气冲击波作用，另一侧为防空地下室内部的墙体，关键在于“直接”，一般位于竖井、楼梯、坡道周边。人防地下室隔墙并不直接接受空气冲击波作用，所以等效静荷载较小。

问题【1.2.15】

问题描述：

结构计算时人防荷载按活荷载输入。

原因分析：

人防荷载属于偶然荷载，活荷载属于可变荷载，设计人员没有考虑人防荷载的特殊性。

应对措施：

人防荷载与活荷载的分项系数取值不同，结构计算时采用的材料强度取值也不同，所以结构计算时必须按人防荷载输入。

问题【1.2.16】

问题描述：

消防车等效均布活荷载统一按 20kN/m^2 取值。什么情况下可不考虑消防车荷载?

原因分析：

消防车等效均布活荷载是根据轮压采用有限元计算分析出来的，不同的消防车规格、不同的板跨、不同的覆土厚度，其等效均布荷载是不同的。

应对措施：

消防车荷载应根据楼盖形式、消防车满载总重、实际覆土厚度按《建筑结构荷载规范》GB 50009—2012 第 5.1.1 条及附录 B 计算取值。

1）楼板的消防车等效均布活荷载也可直接按表 1.2.16 取值，注意应考虑当地消防车满载总重的实际情况，即消防车的规格。

300kN 级消防车轮压作用下楼板的等效均布活荷载值（kN/m^2）　　表 1.2.16

板的跨度/m	覆土厚度/m									
	≤0.25	0.50	0.75	1.00	1.25	1.50	1.75	2.00	2.25	≥2.50
2.0	35	33	30	27	25	22	19	17	14	11
2.5	33	31	28	26	24	21	19	16	14	11

续表

板的跨度/m	覆土厚度/m									
	≤0.25	0.50	0.75	1.00	1.25	1.50	1.75	2.00	2.25	≥2.50
3.0	31	29	27	25	23	20	18	16	14	11
3.5	30	28	26	24	22	19	17	15	13	11
4.0	28	26	24	22	20	19	17	15	13	11
4.5	26	24	23	21	19	18	14	15	13	11
5.0	24	23	21	20	18	17	16	14	13	11
5.5	22	21	20	19	17	16	15	14	13	11
≥6.0	20	19	18	17	16	15	14	13	12	11

注：1. 对于双向板，“板的跨度”是指楼板短方向的值。

2. 表中按 300kN 级消防车计算，当为 550kN 级消防车时，表中数值应乘以 1.17 倍。

2）楼面次梁的消防车等效均布活荷载，应将楼板等效均布活荷载乘以 0.8 确定。

3）设置双向次梁楼盖主梁的消防车等效均布活荷载，应根据主梁所围成的“等代楼板”确定的等效均布活荷载乘以 0.8 确定。

4）墙、柱的消防车等效均布活荷载，应根据墙、柱所围成的“等代楼板”确定的等效均布活荷载乘以 0.8 确定。

5）地基基础及结构和构件的正常使用极限状态验算时，一般工程（指消防车不经常出现的工程）可不考虑消防车的影响，特殊工程（如消防中心、城市主要消防设施和消防通道）应考虑消防车的作用。

问题【1.2.17】

问题描述：

消防车等效均布活荷载按一般活荷载输入，梁的活荷载未折减；或者按折减后的活荷载输入，板计算时荷载不足；同时计算基础时多算了消防车荷载。

原因分析：

设计人员为了简化计算，忽略消防车等效均布活荷载的特殊性，梁、板及基础有不同的要求，详细要求见上一个问题中的列表。

应对措施：

按《建筑结构荷载规范》GB 50009—2012 第 5.1.2 条、第 5.1.3 条，消防车等效均布活荷载按自定义工况输入，单独设定它的折减系数和参与的组合。同时应考虑当地消防车满载总重的实际情况，即消防车的规格。

问题【1.2.18】

问题描述：

结构计算时，楼面荷载较大的工业建筑、公共建筑、有消防车荷载的结构顶板忽略活荷载的不利布置。

原因分析：

活荷载的作用是短暂的、可变的。其各种不同的布置会产生不同的内力，因此应该按活荷载最不利布置方式计算构件的内力。对于高层建筑，计算活荷载最不利布置的构件内力组合工作量很大，而一般民用建筑中活荷载不会很大，与恒荷载及水平荷载产生的构件内力相比，活荷载产生的构件内力所占比重较小。故在多数情况下，构件内力的计算可不考虑活荷载的不利位置，直接用满布活荷载来计算构件内力。但若活荷载较大，如工业建筑、公共建筑、有消防车荷载作用的楼盖，不考虑活荷载的不利布置可能会产生较大的安全隐患，设计时不应忽视。

应对措施：

对于楼面荷载较大的工业建筑、公共建筑、有消防车荷载作用的楼盖构件内力计算，应考虑活荷载的不利布置，以获取构件在最不利荷载组合和最不利活荷载布置时内力的最大值。

问题【1.2.19】

问题描述：

藏书库、档案库、储藏室、密集柜书库、通风机房、电梯机房等设计时活荷载组合值系数仍然按照0.7取值，结构不安全。

原因分析：

在设计中，大部分活荷载的组合值系数均为0.7，藏书库和档案馆等平时大家接触较少，对于这部分的组合值系数没有引起注意，同时也容易忽略通风机房、电梯机房活荷载的组合值系数。

应对措施：

遇到平时接触较少的项目，工程师在设计时一定要查阅规范。《建筑结构荷载规范》GB 50009—2012第5.1.1条规定藏书库、档案库、储藏室、密集柜书库、通风机房、电梯机房等的组合值系数应取为0.9。

问题【1.2.20】

问题描述：

主楼带裙房的高层建筑，裙房和主楼的楼层存在较大高差，模型按错层结构输入，导致结构计算楼层数比实际楼层数有所增加，活荷载折减系数仍按《建筑结构荷载规范》GB 50009—2012表5.1.2的规定取用，导致活荷载折减系数偏小，造成安全隐患（图1.2.20）。

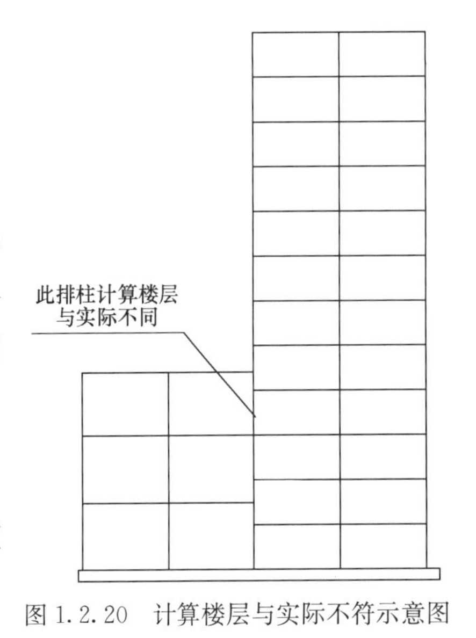

图1.2.20　计算楼层与实际不符示意图

原因分析：

没有注意计算楼层与实际楼层的区别，活荷载折减系数应考虑实际楼层数。

应对措施：

结构计算时，在程序中应根据实际楼层数调整活荷载折减系数。

问题【1.2.21】

问题描述：

结构柱网布置有多角度斜交抗侧力构件，且斜交角度大于 15°，计算时忽略计算抗侧力构件方向的水平地震作用。

原因分析：

地震是随机发生的，结构可能遭受任意方向的水平地震作用。而结构计算分析时，从计算能力和工作效率出发只考虑了有限方向的水平地震作用。一般情况下，可包括最不利地震作用。但若存在斜交抗侧力构件，如斜向剪力墙、框架等，仅考虑两个方向的水平地震作用，则难以包括最不利地震作用。

应对措施：

《建筑抗震设计规范》GB 50011—2010 第 5.1.1 条第 2 款：有斜交抗侧力构件的结构（斜交抗侧力构件指的是剪力墙、框架及支撑等），当相交角度大于 15°时，应分别计算各抗侧力构件方向的水平地震作用。

问题【1.2.22】

问题描述：

结构设计时，未考虑首层及裙房屋盖的施工活荷载。

原因分析：

设计人员对施工过程及出现的不利工况认识不清。在施工时期，首层及裙房屋盖往往堆积大量的施工材料和设备，首层在施工过程中还可能存在材料运输车辆的行走情况，若对此未加考虑，则可能导致楼盖及其竖向构件承载力不足，导致施工期间出现构件裂缝、变形等安全事故。

应对措施：

结构计算分析时，应充分考虑使用时工况及施工工况，并对其荷载进行合理取值。一般情况下，首层室外地下室顶盖施工活荷载不小于 $10kN/m^2$，首层室内及裙房屋盖施工活荷载不小于 5～$8kN/m^2$。施工临时活荷载与覆土、首层隔墙及屋面做法可不同时考虑，施工临时活荷载的分项系数可取 1.0。

问题【1.2.23】

问题描述：

对区块线内的厂房及研发用房的活荷载取值，未按《深圳市人民政府关于印发工业区块线管理办法的通知》〔2018〕14号文规定执行。

原因分析：

设计人员不熟悉当地政府的相关规定。

应对措施：

结构设计不仅应关注规范的内容，而且应及时掌握政府的相关规定。深府规〔2018〕14号文规定：厂房，首层活荷载取 12kN/m^2，二、三层活荷载取 8kN/m^2，四层及以上层活荷载取 6.5kN/m^2；研发用房，首层活荷载取 8kN/m^2，二、三层活荷载取 6.5kN/m^2，四层及以上层活荷载取 5kN/m^2；货梯载重量不小于 20kN。

问题【1.2.24】

问题描述：

结构计算荷载取值时，未考虑空调水管密集或大直径空调水管的情况，对与之相关构件，未考虑管道自重和其管内水重及管道支架传来的荷载，造成安装设备时，相关结构需进行加固处理。

原因分析：

专业之间配合不到位，设备专业提供资料不清晰，结构设计人员疏忽空调水管密集或大直径空调水管的情况，尤其大直径空调水管内充满水时，其荷载值可达 5kN/m。

应对措施：

在设备专业提供资料时，不仅要提供设备机房、洞口预留的位置及大小，同时应提交荷载较大的设备、管道位置及重量，结构设计人员应与设备专业设计人员加强沟通，重点关注设备及其管道的荷载情况，结构分析设计时不要遗漏相关荷载。

问题【1.2.25】

问题描述：

楼面隔墙布置考虑改造时的需求，将所有隔墙（含梁上隔墙）荷载均按等效楼面荷载输入，为考虑结构安全性，等效分布活荷载取值较大，结构设计经济性差，若过分考虑结构经济性，等效均布活荷载取值偏小，结构可能会存在安全隐患。

原因分析：

开发商出于营销考虑，为满足使用的灵活性，要求对部分隔墙布置考虑改造可能。设计人员未对墙体位置、墙体材料与结构布置关系进行分析，对位于梁上墙体荷载也按楼面等效荷载考虑，导致荷载分布与实际不符，楼板计算内力偏大，梁计算内力部分可能偏大，也可能会部分偏小。

应对措施：

和建筑专业配合，认真分析墙体位置、墙体材料、固定隔墙和改造隔墙与结构布置关系等，对能明确位于梁上的隔墙，宜直接按作用于梁上的荷载考虑，同时应进行测算，楼面等效荷载取值尽量和实际情况相吻合。具体计算可按照《建筑结构荷载规范》GB 50009—2012 附录 C 分块或分区域确定楼面等效均布活荷载。

建议按实际输入荷载，整体计算。考虑后期灵活布置，楼板计算荷载可适当加大。

问题【1.2.26】

问题描述：

水浮力的荷载分项系数如何取值？

原因分析：

不同规范对水浮力和抵抗力的分项系数有不同的取值，造成设计人员分项系数取值时的混乱。《建筑结构荷载规范》GB 50009—2012 第 3.2.4 条第 3 款仅说明“对结构倾覆、滑移和漂浮验算，荷载的分项系数应按有关建筑结构设计规范的规定”采用，因此对实际设计中水浮力的荷载分项系数没有明确规定。

应对措施：

按照《建筑工程抗浮技术标准》JGJ 476—2019 第 3.0.9 条，抗浮稳定性验算时，水浮力荷载分项系数为 1.0，计算抗浮结构及构件内力，确定构件尺寸、地下结构底板厚度和配筋及验算材料强度时，水浮力荷载分项系数可取 1.35，但是乘以分项系数后的抗浮设计水位（决定水浮力大小），不宜超过首层室内地面的标高。

问题【1.2.27】

问题描述：

计算水浮力时按大地下室底板底面到抗浮设计水位标高来计算，导致局部（电梯基坑、设备机房等）抗浮水头取值不足，水浮力取值偏小。

原因分析：

地下室的电梯基坑、设备用房及消防水池等底板位置一般较大地下室底板更低，特别是超高层建筑电梯基坑及集水坑的底板，这时抗浮水头也应比大地下室位置大，但设计人通常全部按大地下室位置考虑水浮力。

应对措施：

在计算模型中，设计人员应根据地下室电梯基坑、设备用房及消防水池底板底标高，手动调整这些位置的水浮力，避免出现局部水浮力取值不够的情况。

问题【1.2.28】

问题描述：

公共建筑，由于使用功能较多或较复杂，也可能存在灵活分隔等需求，一些特殊用房的荷载往往较大，计算模型和实际使用情况及要求不相符。

原因分析：

设计人员不重视，有些设计人员按常规等效荷载（板弯矩相等）的方法输入计算，导致梁配筋和设计受力情况不吻合，可能偏大或偏小，还有可能对建筑功能及使用要求理解不透彻。

应对措施：

比较容易疏忽的荷载：酒店吊灯的荷载、酒店隔断预留荷载、酒店厨房养鱼池荷载、楼面上的设备荷载、游泳池荷载、屋顶花园覆土荷载、自动扶梯荷载、屋顶水箱荷载、超市水产品区荷载、大型厨房荷载等。结构计算时应充分考虑建筑使用功能和灵活分隔需求、荷载作用的位置和加载方式，尽量符合实际情况。

1.3 抗震性能标准

问题【1.3.1】

问题描述：

对无地下室的高层建筑，未验算结构在大震作用下抗倾覆与抗滑动的安全性。

原因分析：

设计人员对抗倾覆与抗滑动的重要性认识不足。抗震的基本目标之一是"大震不倒"；对无地下室的高层建筑，其结构的抗倾覆与抗滑动的性能较差；在大震作用下，若不能保证结构整体抗倾覆和抗滑动，则无法实现"大震不倒"的目标要求。

应对措施：

高层建筑宜设地下室，对无地下室的高层建筑，应验算结构在大震作用下抗倾覆与抗滑动的安全性，建议采用等效弹性算法。

问题【1.3.2】

问题描述：

多层建筑的建筑形体属于不规则，未采取相应加强措施；多层建筑的建筑形体属于特别不规则，未进行专门研究和论证，未采取特别的加强措施。

原因分析：

"形体"是指建筑平面形状和立面、竖向剖面的变化。合理的建筑形体和布置在抗震设计中是至关重要的，因为历次地震均表明，规则、简单和对称的建筑在地震作用下较不容易损坏或破坏。"规则"包含了对建筑平面、立面外形尺寸抗侧力构件布置、平面质量分布、层高，直至结构承载力分布等诸多因素的综合要求。对高层建筑形体的不规则或特别不规则，设计人员都会予以足够重视，但对多层建筑的建筑形体不规则和特别不规则则不够重视。

应对措施：

根据《建筑抗震设计规范》GB 50011—2010（2016 年版）第 3.4.1 条，对不规则的建筑应按规定采取加强措施；对特别不规则的建筑应进行专门研究和论证，采取特别的加强措施。设计时可参照《超限高层建筑工程抗震设防专项审查技术要点》进行有针对性的论证，根据建筑的重要性和不规则性的程度确定多层建筑的抗震性能目标，可比高层建筑采取稍低的抗震性能目标。

问题【1.3.3】

问题描述：

学校教学、宿舍类建筑，一端与主体相连的单跨连廊，当长度过长时，应按单跨框架进行性能设计。

原因分析：

单跨连廊虽然一端与主体相连，但是当其长度过大时，主体结构无法对其进行有效约束，受力相当于单跨框架，“长度是否过长”可参照《建筑抗震设计规范》GB 50011—2010（2016 年版）第 6.1.6 条，比如 7 度设防单跨连廊现浇楼盖长宽比超过 4 时，可认为是单跨框架。

应对措施：

参照《高层建筑混凝土结构技术规程》JGJ 3—2010 第 3.11 条的要求对单跨框架进行抗震性能设计，结构抗震性能目标不应低于 C 级。

1.4　抗震等级

问题【1.4.1】

问题描述：

当现浇钢筋混凝土框架结构房屋高度小于等于 24m 时，框架结构中部分框架梁跨度大于 18m，仍按普通框架统一确定抗震等级。

原因分析：

抗震等级的划分，体现了对不同抗震设防类别、不同结构类型、不同地震烈度、同一地震烈度但不同高度的钢筋混凝土房屋结构延性要求的不同，以及同一种构件在不同结构类型中延性要求的不同。设计人员容易疏忽局部大跨度框架的不同要求。

应对措施：

《建筑抗震设计规范》GB 50011—2010（2016 年版）表 6.1.2 要求，现浇钢筋混凝土框架结构跨度不小于 18m 的框架为大跨度框架，当高度小于等于 24m 的现浇钢筋混凝土框架结构中存在部分大跨度框架时，其大跨度框架部分的抗震等级应单独确定，通常会比普通框架提高一级，同时框架结构应根据不同的抗震等级采取相应的抗震措施。

问题【1.4.2】

问题描述：

在钢筋混凝土框架结构或框架-剪力墙结构中，一端与框架柱相连、一端与框架梁相连的梁，在抗震设计时构造概念搞不清。

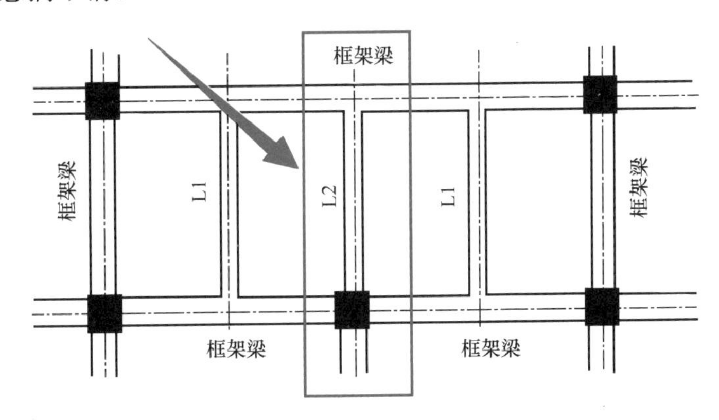

图 1.4.2 一端与框架柱相连，另一端与框架梁相连示意图

原因分析：

《高层建筑混凝土结构技术规程》JGJ 3—2010 第 6.1.8 条只是明确不与框架柱相连的次梁，可按非抗震构件进行设计。对于图示的情况在本条的条文说明中进一步予以明确。

应对措施：

本例中 L1 梁两端不与框架柱相连，因而不参与抗震，所以 L1 梁的构造要求可按照非抗震要求。例如，梁端箍筋不需要按抗震要求加密，仅需满足抗剪强度要求，箍筋间距也可按非抗震构件的要求；箍筋无需弯 135°钩，90°钩即可；纵筋的锚固、搭接等都可按非抗震要求。但是图中 L2 梁与框架柱相连端应按抗震设计，其要求应与框架梁相同，另一端与框架梁相连端构造可同 L1 梁。梁编号时宜按框架梁或作为框架梁其中一跨进行编号。

问题【1.4.3】

问题描述：

剪力墙底部加强部位高度取值有误。

原因分析：

抗震设计时，为保证剪力墙底部出现塑性铰后具有足够大的延性，应对可能出现塑性铰的部位加强抗震措施，包括提高剪力墙抗剪破坏能力，设置约束边缘构件等，该加强部位称为“底部加强部位”。剪力墙底部加强部位高度不仅与房屋总高度有关，还与结构类型、有无地下室、嵌固端位置等有关。

应对措施：

一般情况下剪力墙底部加强部位高度按《高层建筑混凝土结构技术规程》JGJ 3—2010 第7.1.4条取值。有地下室，且首层作为上部结构嵌固部位时，剪力墙底部加强部位宜至少延伸到地下一层。地下室顶板作为上部结构嵌固部位时，剪力墙的底部加强部位及总加强范围见图1.4.3。当上部结构的嵌固部位在地下一层地面时，底部剪力墙加强部位需延伸计算到嵌固层。

带裙房的建筑，仅塔楼中与裙房相连的外围剪力墙，从固定端至裙房屋面上一层的高度范围内设置约束边缘构件，并不需要把底部加强部位扩大。

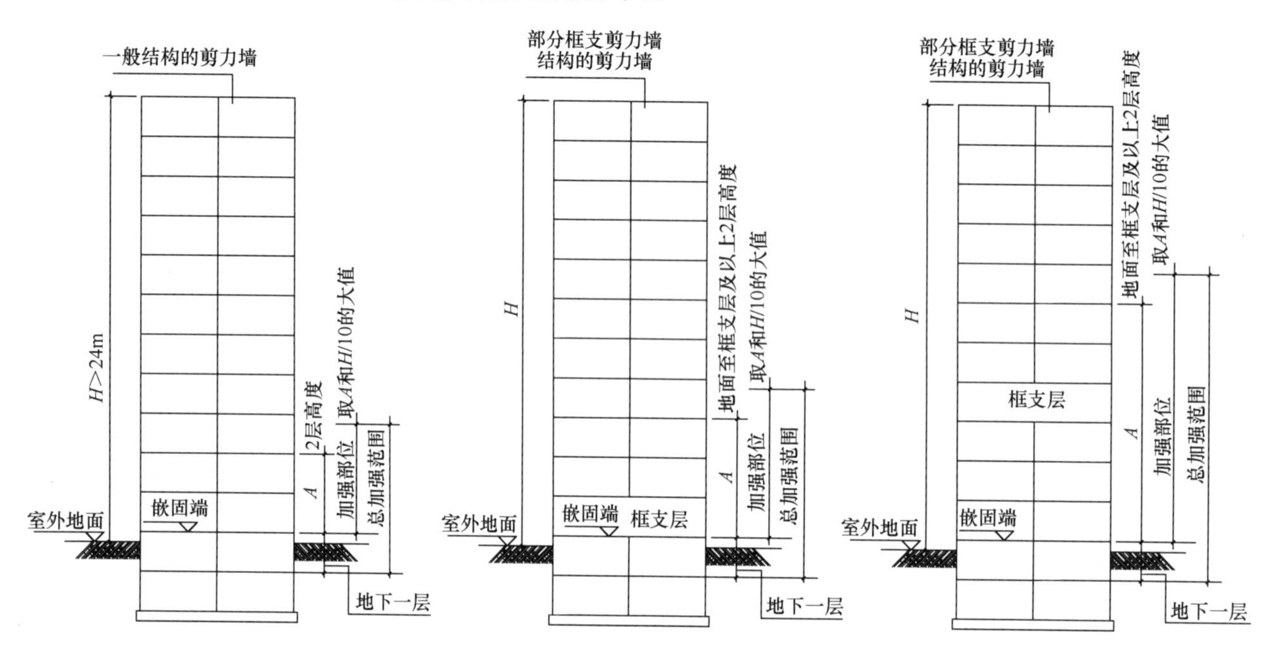

图1.4.3　底部加强部位

问题【1.4.4】

问题描述：

高层建筑和主楼相连地下室的抗震等级，特别是主楼不带裙房的情况，参照主楼带裙房时对裙房相关范围的要求确定抗震等级；或者按计算地下室侧向刚度时，取地下室相关部位确定其抗震等级，导致工程造价提高。

原因分析：

抗震设计的高层建筑，当地下室顶板作为上部结构嵌固端时，地震作用下结构的屈服部位将发生在地上楼层，同时将影响到地下一层，所以地下一层相关范围的抗震等级应按上部结构采用，地下一层以下的抗震构造措施的抗震等级可逐层降低，地下室超出上部主楼相关范围且无上部结构的部分，其抗震等级可根据具体情况采用三级或四级。但应注意此处相关范围是指主楼周边外延1～2跨的地下室范围的结构部分。

与主楼连为整体的裙房的抗震等级，除应按本身确定以外，相关范围应不低于主楼的抗震等级，此处的相关范围，一般是指主楼周边外延不少于3跨的裙房结构。

计算地下室结构楼层侧向刚度时，可考虑地上结构以外的地下室相关部位的结构，“相关部位”

一般指地上结构外扩不超过 3 跨的地下室结构范围。

应对措施：

要特别注意规范对相关范围或相关部位的解析。对于无裙房的建筑，在计算地下室侧向刚度时，地下室的相关范围可取主楼外扩不超过 3 跨的地下室范围。无裙房的建筑地下一层相关范围的抗震等级应按上部结构采用，地下室中超出上部主楼相关范围且无上部结构的部分，其抗震等级可根据具体情况采用三级或四级，一般宜逐级降低。

问题【1.4.5】

问题描述：

部分框支剪力墙结构，转换层的上下层竖向构件未采取加强措施或加强措施不明确。

原因分析：

转换层的质量、刚度和承载力较大，与其相邻上、下层经常会有突变，转换层及其上、下层往往成为结构抗震的薄弱部位或薄弱层，与转换层相关的剪力墙（落地剪力墙、转换层上部剪力墙）及其框支框架在结构设计时应予以重点关注。特别是高位转换的部分框支剪力墙结构，更应重视转换层及其上下层竖向构件的设计。

应对措施：

转换层及其相邻上下层的框支框架、落地剪力墙的抗震等级规范均有明确规定，一般都会有所提高；同时对剪力墙底部加强部位的高度也要求从地下室顶板算起，宜取至转换层以上两层且不小于房屋高度的 1/10。一般在超限设计时，框支框架、落地剪力墙均应选为关键构件，必要时应进行有限元分析，使其满足相关抗震性能的设计要求；转换层上两层剪力墙可作为普通竖向构件，但应采取相应的抗震加强措施。对于部分框支剪力墙结构，当转换层位置设置在三层及三层以上时，其框支柱、剪力墙底部加强部位的抗震等级宜按《高层建筑混凝土结构技术规程》JGJ 3—2010 表 3.9.3 和表 3.9.4 的规定提高一级，已为特一级时可不提高，要注意的是剪力墙底部加强部位的抗震等级提高一级后，可能与非剪力墙底部加强部位的抗震等级差两级，此时宜在剪力墙底部加强部位的上两层设置抗震等级降一级的过渡层。

问题【1.4.6】

问题描述：

上部为钢结构，下部为大底盘混凝土结构，这类竖向混合结构体系抗震等级如何确定？是否属于超限结构？

原因分析：

目前地铁上盖物业，或加建项目经常会有这种情况。规范没有明确竖向混合的这种结构体系，从而也无相关规定。

应对措施：

混合结构沿高度采用不同结构类型时，宜设置过渡层，构件设计和控制指标可分段按各自对应的结构类型执行。由于该结构体系属于规范不涵盖的结构类型，当为高层建筑时，原则上应进行超限分析论证，并进行性能化设计。

问题【1.4.7】

问题描述：

混合结构中钢管混凝土钢框架-钢筋混凝土核心筒结构体系，钢框架梁的抗震等级同钢管混凝土柱还是按钢结构构件确定？如7度150m建筑，钢框架梁若按钢结构构件确定，其抗震等级为三级；若同钢管混凝土柱，其抗震等级为一级。

原因分析：

不同规范或标准说明不统一，导致设计师有不同的理解。《高层建筑钢-混凝土混合结构设计规程》CECS 230：2008第2.1.4条，明确混合框架或混合框筒是由组合柱与钢梁或组合梁组成的框架或框筒；第2.1.1条明确组合柱是指由钢和混凝土组合而成并共同受力的柱，包括钢骨混凝土柱和钢管混凝土柱；第2.1.4条也明确指出钢管混凝土柱和钢梁、钢柱均不分抗震等级。

《高层建筑混凝土结构技术规程》JGJ 3—2010第11.1.4条备注：钢结构构件抗震等级，抗震设防烈度为6、7、8、9度时应分别取四、三、二、一级。

《建筑抗震设计规范》GB 50011—2010（2016年版）第8.1.3条，明确钢结构房屋应根据设防类别、烈度和房屋高度采用不同的抗震等级，并应符合相应的计算和构造措施要求，同时也注明，一般情况，构件的抗震等级应与结构相同。

广东省《高层建筑钢-混凝土混合结构技术规程》DBJ/T 15—128—2017也明确指出混合框架是由钢筋混凝土梁与组合柱或钢梁（组合梁）与组合柱形成的框架；组合柱是指由钢和混凝土组合而成并共同受力的柱，包括型钢混凝土柱、钢管混凝土柱、钢管混凝土叠合柱等，所以该结构应属于混合框架-核心筒结构。

应对措施：

一般而言，采用混合结构的高层建筑高度相对较高，建议参考广东省《高层建筑钢-混凝土混合结构技术规程》确定相关结构构件的抗震等级。当然也可按《高层建筑混凝土结构技术规程》JGJ 3—2010的要求确定钢结构构件抗震等级。

1.5　嵌固端选择

问题【1.5.1】

问题描述：

某地下室4个面只有2.5个面嵌固，1.5个面临空，嵌固端应如何选取？

原因分析：

这种情况一般出现在斜坡上建造的建筑，结构地下室2.5个面与土壤接触、1.5个面开敞，考虑到地震作用方向的不确定性，建筑结构在地震作用下结构受力较为复杂，不易分析清楚。

应对措施：

验算整体建筑的抗倾覆和抗滑移稳定性，同时结构嵌固位置应下移至地下一层，结构计算时，应把与土壤接触部分产生的土压力输入模型进行计算，并复核是否需要考虑不利地段对地震的放大作用。宜按首层地面作为嵌固端与地下一层地面作为嵌固端两个模型进行包络设计。无论何种情况，首层都应满足嵌固端的构造要求。

尽量采用永久支护，永久支护和主体脱开，使得地下室周边覆土的地面标高基本一致，此时结构嵌固位置取地下一层，首层可按上部结构楼层考虑。

问题【1.5.2】

问题描述：

坡地建筑的基础埋深、嵌固端和建筑高度如何确定?

原因分析：

坡地建筑标高变化复杂，基础底标高也经常顺坡变化，造成基础埋深、嵌固端和建筑高度基准参考点不确定。

应对措施：

确定基础埋深和建筑高度基准参考点可按坡度分段、分区考虑，把区段的最低点作为确定建筑高度和基础埋深的参考点。坡地建筑往往只有一面有土约束，两面半敞开，一面完全敞开，当区段与区段之间设置了抗震缝时，嵌固端也可按坡度分段考虑，分别取至区段的基础；没有设置抗震缝时，可按吊脚楼处理，结构计算应反映真实情况。

问题【1.5.3】

问题描述：

作为上部结构嵌固端的地下室顶板采用无梁楼盖，是否合适?应用范围有何规定?

原因分析：

为满足地下室净高及经济性等要求，地下室顶板采用无梁楼盖。不同软件无梁楼盖的计算分析结果差异较大，地下室顶板施工期间和使用期间的荷载工况存在较大的不确定性，所以当计算分析、构造措施等不够完善时，易出现倒塌事故。

应对措施：

一般情况下，主楼相关范围应采用现浇梁板楼盖，主楼相关范围以外可采用无梁楼盖。特殊情况下，相关范围也可采用带柱帽的无梁楼盖，板厚宜取较小柱距的1/25和400mm的较大值，柱上板带应设置不小于柱上板带宽度一半宽的暗梁。同时应满足《建筑抗震设计规范》GB 50011—2010（2016年版）第6.1.14条要求，确保塑性铰出现在顶板以上的柱端部。另外，应保证无梁楼盖抗冲切和抗剪切有足够的安全度，还应考虑柱帽两侧弯矩不平衡导致的附加剪力。

地下室顶板采用无梁楼盖时，设计说明中应明确提出施工、使用阶段荷载限值要求，并对施工缝、施工荷载控制等提出施工安全保障的建议。

问题【1.5.4】

问题描述：

分期开发项目的地下室设计时，整体统一规划设计成连通地下室，前期项目建完且业主入住时后期仍然未开发，此时地下室开敞，地下室顶板作为嵌固端的条件不成立。

原因分析：

因项目为分期开发，且地下室连通，前期建完后与后期交界处地下室开敞，此时地下室顶板不满足嵌固端条件。

应对措施：

首先嵌固端下移至满足嵌固端条件的楼层，进行结构设计。但考虑到后期地下室将连成整体，所以应考虑整体项目完成后的情况，首层满足嵌固端设置条件，所以前期项目设计时就应按两种嵌固端位置进行包络设计。如果分期开发项目能保证短时间内地下室形成整体，结构设计的嵌固端可取为满足嵌固端设置条件的地下室顶板。

问题【1.5.5】

问题描述：

地下室顶板嵌固部位，地下一层和首层的刚度比不满足大于2的要求。

原因分析：

地下室层高较大，地上和地下剪力墙数量和厚度变化较小，造成刚度比不满足嵌固端的条件。另外，地下室外墙不在塔楼地下一层的刚度计算相关范围内，计算上下层刚度比时，无法利用地下室外墙的刚度贡献。

应对措施：

首先可以考虑相关范围的地下室外墙的刚度贡献，还不满足时，可加厚地下剪力墙或在对建筑使用功能影响不大的部位局部增设剪力墙，以满足嵌固竖向层刚度比的要求。若仍不能解决，则可考虑将嵌固端下移至地下一层，同时要求地下二层侧向刚度大于地下一层侧向刚度的两倍。

问题【1.5.6】

问题描述：

某塔楼地下室顶板处存在大开洞，现设计时取地下室顶板作为塔楼的嵌固端，但没有采取相应的加强措施。

原因分析：

因建筑下沉广场、中庭景观等功能需要，地下室顶板往往局部大开洞，此时应分析地下室顶板是否满足作为塔楼嵌固端的条件，或是否可通过加强措施满足作为塔楼嵌固端的条件。

应对措施：

如无法避免设置洞口时，则应进行计算分析，采取有效的加强措施保障水平力在楼盖内的合理传递，且应对洞口的面积作出合理的限制。《建筑地基基础设计规范》GB 50007—2011 第 8.4.25 条的条文说明指出，当上部结构嵌固于地下一层结构顶板上时，塔楼相关范围内地下室顶板上开设洞口的面积不宜大于相关范围面积的 30%。对局部开洞周边框架、剪力墙进行构造加强，以确保地下室顶板能够可靠、有效地传递上部主体在水平地震作用下的基底剪力，确保建筑安全；计算分析时，应保证嵌固端刚度比满足要求，即地下一层与首层的侧向刚度比不宜小于 2。

问题【1.5.7】

问题描述：

建筑首层平面由于塔楼楼盖与周边纯地下室楼盖存在较大的高差，交接处结构采用双梁布置，结构计算的嵌固部位选择在首层，如图 1.5.7 所示。

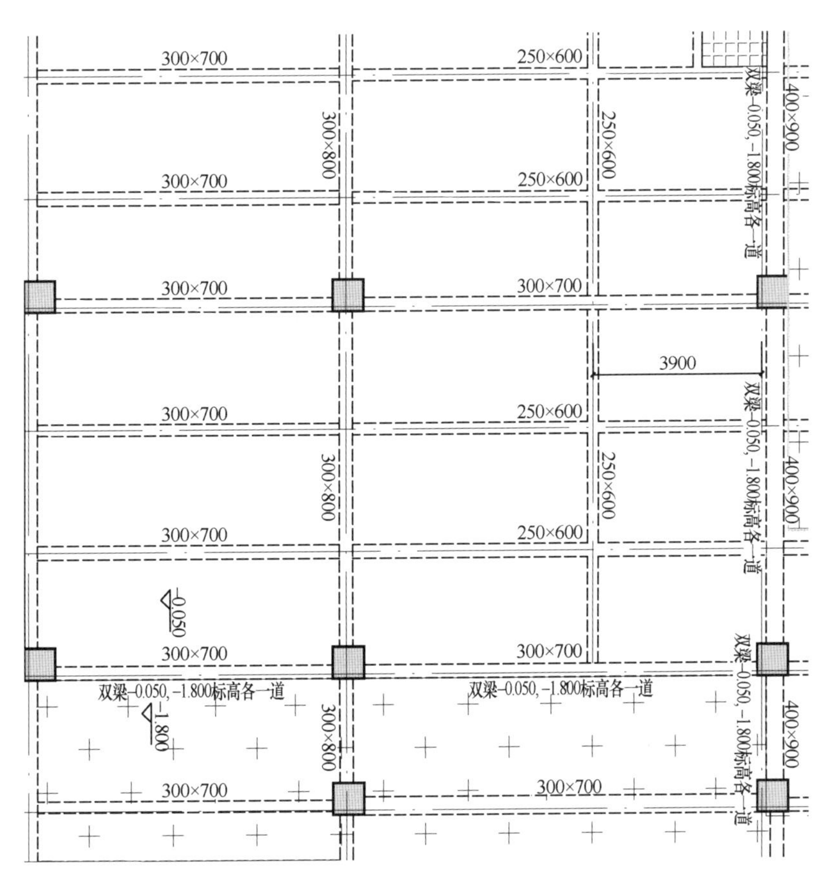

图 1.5.7 双梁布置示意图

原因分析：

关注不到结构局部错层情况，计算时塔楼楼盖与周边纯地下室楼盖按同一层建模，得到地下一层的刚度大于首层刚度的2倍，误认为满足塔楼的嵌固条件。

应对措施：

建筑首层平面由于塔楼楼盖与周边纯地下室楼盖存在较大的高差，交接处结构采用双梁布置时，首层不应作为塔楼结构的嵌固端，嵌固端应下移至满足嵌固端条件的楼层。计算分析时，塔楼首层楼盖和室外地下室楼盖应按不同层输入计算模型中，对于这些错层的构件应按《高层建筑混凝土结构技术规程》JGJ 3—2010第10.4条错层结构的规定进行设计。

如采用一根大梁，并采取相应措施，能保证水平力传递时，首层可作为嵌固端。

问题【1.5.8】

问题描述：

地下室顶板作为上部结构的嵌固部位时，设计未能满足构造及加强措施等要求。

原因分析：

设计人对规范不够熟悉，未严格按照规范进行设计。

应对措施：

对于嵌固部位，主要是《建筑抗震设计规范》GB 50011—2010（2016年版）第6.1.14条的相关要求：

1　地下室顶板应避免开设大洞口；地下室在地上结构相关范围的顶板应采用现浇梁板结构，相关范围以外的地下室顶板宜采用现浇梁板结构；其楼板厚度不宜小于180mm，混凝土强度等级不宜小于C30，应采用双层双向配筋，且每层每个方向的配筋率不宜小于0.25%。

2　结构地上一层的侧向刚度，不宜大于相关范围地下一层侧向刚度的0.5倍；地下室周边宜有与其顶板相连的抗震墙。

3　地下室顶板对应于地上框架柱的梁柱节点除应满足抗震计算要求外，尚应符合下列规定之一：

1）地下一层柱截面每侧纵向钢筋不应小于地上一层柱对应纵向钢筋的1.1倍，且地下一层柱上端和节点左右梁端实配的抗震受弯承载力之和应大于地上一层柱下端实配的抗震受弯承载力的1.3倍。

2）地下一层梁刚度较大时，柱截面每侧的纵向钢筋面积应大于地上一层对应柱每侧纵向钢筋面积的1.1倍；同时梁端顶面和底面的纵向钢筋面积均应比计算增大10%以上。

4　地下一层抗震墙墙肢端部边缘构件纵向钢筋的截面面积，不应少于地上一层对应墙肢端部边缘构件纵向钢筋的截面面积。

建议项目施工图设计前，设计人员逐一检查并确认上述相关要求。如果对地上的柱配筋进行了修改调整，须注意相应调整地下一层的柱配筋。

问题【1.5.9】

问题描述：

地下室顶板不满足嵌固端要求时，是否还需对顶板采取加强措施？

原因分析：

某些工程设计中地下室顶板不满足嵌固端要求，需要嵌固端下移到负一层或以下，在这种情况下，地下室顶板设计时按普通楼层考虑，存在安全隐患。

应对措施：

1）参考《高层建筑混凝土结构技术规程》JGJ 3—2010 对地下室顶板的构造要求（参见第 3.6.3 条），普通地下室顶板厚度不宜小于 160mm，建议顶板配筋双层双向配筋并适当加大配筋量。

2）对于坡地建筑，由于地下室部分开敞，地下室嵌固端移至地下一层，此时顶板实际上还是有较强的嵌固约束作用，建议此时地下室顶板仍然满足嵌固端构造要求。

第2章　地 基 与 基 础

2

2.1　勘探要求

问题【2.1.1】

问题描述：

纯地下室结构或地上层数较少而地下层数较多的结构，当地下建筑物及其上作用的永久荷载标准值的总和（包括地上建筑物）小于地下水浮力的1.05倍时，需要进行抗浮设计，而勘察孔深不满足抗拔桩或抗拔锚杆设计深度要求。

原因分析：

对于需要整体抗浮或局部抗浮设计的地下室结构，比较常用的方法是在基底增加抗拔桩或抗拔锚杆，而抗拔桩和抗拔锚杆需要有一定埋置深度才能满足抗拔承载力要求，故在勘察时需要增加相应的勘察孔深度。

应对措施：

1）在勘察任务书中注明需提供抗浮设计水位，并增加勘察孔深度要求；

2）提供地下室埋深、地上及地下建筑物层数、结构的柱底内力、地上及地下建筑主要平面等资料，并注明该工程需要进行抗浮设计；

3）在勘察设计交底时，与相关负责人沟通，确保所提的抗浮方案能满足结构设计的相关要求。

问题【2.1.2】

问题描述：

一般坡地高层建筑的勘察要求：设计要求勘探孔入中风化基岩不小于3m。但有些地势较高的区域由于中风化基岩埋深浅，勘探孔入中风化基岩3m的深度标高仍低于地下室开挖后的底板底标高。

原因分析：

未考虑到中风化基岩与地下室底板标高之间的关系。

应对措施：

对于结构底板标高已经到达中风化基岩的情况，建议勘探孔深度满足不低于结构底板下3m的要求。

问题【2.1.3】

问题描述：

旧改项目勘察时，忽略原有建筑的基础及管线，新建项目基础设计时未予以考虑，施工时发现问题，再进行补勘和基础修改。

原因分析：

现在旧改项目增多，现场已有的建筑或构筑物的基础、管线复杂，加之年代久远、原有图纸不全，勘探时未予以关注，提供的勘察报告内容不全。

应对措施：

勘察任务书中应提出对原有建筑物或构筑物的基础及管线进行勘察，勘察时应先收集相关资料，查明现有的管线及已有建筑物或构筑物的基础。相关资料缺失时，可要求地勘单位进行物探等辅助工作，查明现有的管线及已有建筑物或构筑物的基础，以便设计新建项目基础及室外管线时，提前考虑好处理方案。

问题【2.1.4】

问题描述：

对地质特别复杂的场地，详细勘探孔间距布置偏大。

原因分析：

设计人员对复杂地质情况不敏感，加上建设单位要求钻探费用尽量低，结果导致勘察报告提供的地质情况不够明确，设计时难以针对实际地质情况进行相应的地基与基础设计，可能造成浪费或者存在安全隐患，甚至出现在施工期间，还需要补勘、调整设计的情况，影响工期。

应对措施：

应根据周边情况及初勘情况，预判场地地质情况的复杂性。对特别复杂的场地，详细勘探孔间距布置不宜大于10m，并由勘察单位确认。

问题【2.1.5】

问题描述：

溶洞发育严重地区，按照规范常规间距的勘探孔进行勘察，不足以给设计提供足够的技术资料指导和基础设计，需以超前钻加物探的方式补勘。

原因分析：

对溶洞发育不确定的复杂场地，应采取更加详细的地基勘探，特别是超高层建筑的上部荷载较大，采用灌注桩基础时，桩底需要有稳定的持力层，当溶洞倾斜或岩层较薄时均应钻孔穿透。

应对措施：

岩溶地区的岩土工程勘察，应综合运用工程地质测绘和调查、钻探、物探、原位测试等方法，查明拟建场地的溶洞（隙）、溶沟（槽）、石芽、溶蚀漏斗、伴生土洞塌陷的位置、规模、埋深、岩溶堆填物性状和地下水特征，并对地基基础设计和岩溶治理提出建议；对地质条件、基础类型和施工过程中需进一步查明的专门问题应进行施工勘察。

详勘需加密勘探孔布置间距，探明土洞和溶洞，发现土洞和溶洞需探明范围；如基础采用灌注桩，每桩的超前钻数量及深度需满足确定持力层厚度的要求。对于溶洞特别发育地区，当超前钻依然无法提供持力层厚度时，宜增加物探辅助确定持力层是否满足设计要求（图 2.1.5）。

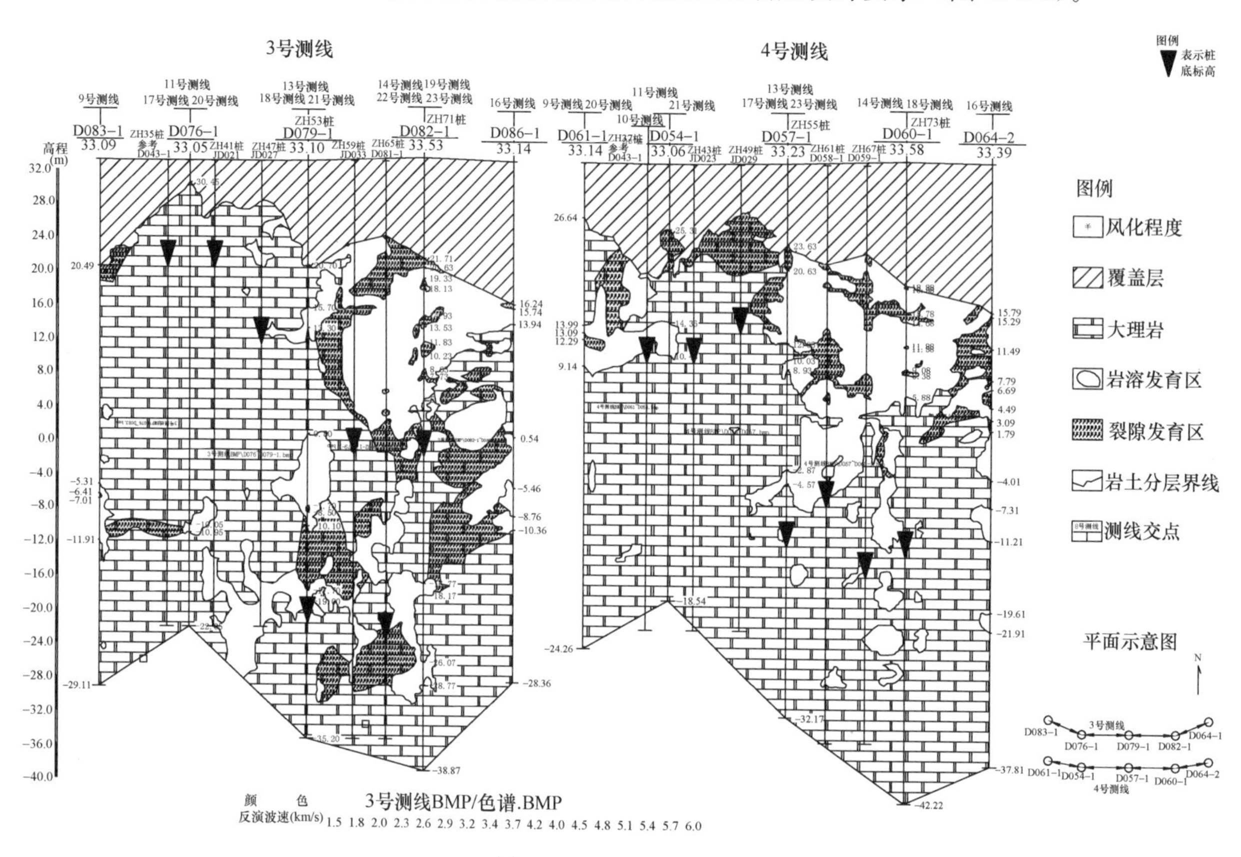

图 2.1.5 波速影像色谱

2.2 地基处理

问题【2.2.1】

问题描述：

没有选择合适的地基处理方案。

原因分析：

地基处理的方式多样，选择地基处理方案时未结合现场的场地土条件。

应对措施：

根据现场场地条件，选择合适的地基处理方案如表 2.2.1，并由勘察单位确认。

广东地区常用地基处理方式汇总 **表 2.2.1**

常用地基处理方式	25t 以上带振压路机碾压	换填垫层	强夯	水泥搅拌桩	结构地坪
适用	填土层薄（＜2m）且土质较好，下层土承载力较好	表面承载力低的土层较薄（＜3m），下层土承载力较好	填土层较厚（3～5m）且土质较好，地坪承载力要求较大，下层土承载力较好	上层土中有较厚的淤泥或承载力很低的土层（4～8m）	浅层的土质很差，存在深厚的软弱土，甲方对地坪要求高
不适用	填土层较厚(＞3m)，表层土土质差，淤泥层，下层土承载力低	表层或下层有淤泥层，下层土承载力低	表层或下层有淤泥层，下层土承载力低，地下水位高，表层土含水率高，填土层太厚（＞7m）	盐碱地区（如天津）	无
优点	造价低	表层土较薄时施工快	工期快，造价低	可处理含水率较高的土层（如淤泥层），可与桩基同时施工	受力路径明确，安全可靠
缺点	压实的影响深度较小	对施工控制要求较高，容易因压实系数不足影响施工质量	雨期不能施工，对周边建筑物构筑物有振动，在桩基施工前施工	造价高，工期长，现场施工管理的难度较大	造价高，工期长，地坪设地沟、埋管困难，地坪日后难改造

问题【2.2.2】

问题描述：

土层强夯后，压板试验结果差异大，难以判断处理后的地基承载力是否满足要求。

原因分析：

强夯后，点夯位置的土层很密实，夯点间的土层相对较松。常规采用 0.5m×0.5m 的压板，检测范围较为局部，故检测结果较为离散。

应对措施：

适当加大检测压板的面积，如采用 1m×1m 的压板，并尽量避免压板位置与点夯位置完全重合。这样才能使压板试验更好地反映出实际情况，降低地基承载力检测结果的离散性，并由勘察或检测单位确认。

问题【2.2.3】

问题描述：

预应力混凝土管桩（摩擦桩）单桩承载力静载试验时出现异常，其 s-lg$t$ 与 Q-s 曲线如图 2.2.3 所示。

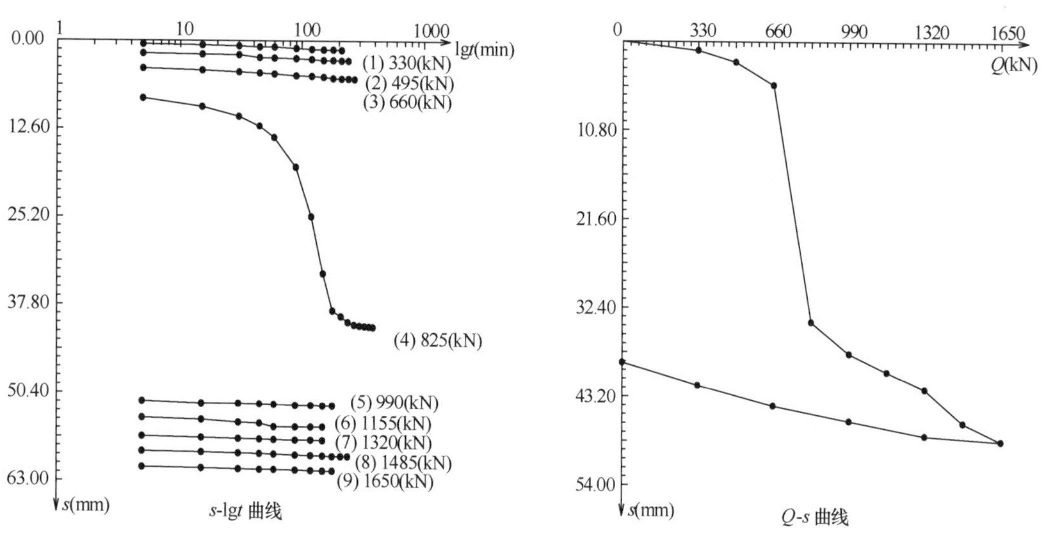

图 2.2.3 s-lgt 与 Q-s 曲线

原因分析：

经过分析，发生此异常情况的主要原因是施工引起管桩上浮，管桩的焊接接头被拉断。

应对措施：

设计时需对群桩的桩间距结合土层情况综合考虑，对于施工时容易出现桩上浮的情况，建议优先采用机械连接，当采用焊接连接时需提高管桩接头的焊接质量。

问题【2.2.4】

问题描述：

采用深层水泥搅拌桩复合地基方法处理较厚淤泥层。试桩检测时水泥搅拌桩的抽芯结果很差，很多难以成型。抽芯结果如图 2.2.4 所示。

图 2.2.4 水泥搅拌桩抽芯图

原因分析：

经分析，主要原因是地基处理的水泥掺量不满足设计要求，加上施工工艺存在缺陷以及施工管理和监控不足。

应对措施：

1）控制注浆量，保证搅拌均匀，同时泵送必须连续，确保每立方米水泥掺入量满足设计要求。

2）设计需要明确采用成熟的施工工艺和加强现场施工管理。

问题【2.2.5】

问题描述：

CFG桩施工完成后，最后300mm覆土基坑的开挖仍旧采用机械开挖，导致桩浅层断桩率较高，断桩不满足单桩承载力的设计要求，规范规定单桩和复合地基均需满足设计承载力要求，因此无法验收。

原因分析：

CFG桩作为地基处理的手段，处理后的复合地基给基础提供承载能力，受力状态更偏向于天然基础，其单桩受力状态与桩基础不同，当复合地基承载力满足设计要求时，结合工程实际情况可对单桩承载力降低要求。

应对措施：

最后300mm覆土基坑的开挖应采用人工开挖，当CFG桩大面积出现断桩时，分析断桩的原因和位置，在有代表性的位置进行复合地基承载力试验。验收时以复合地基承载力为主，辅助考虑单桩承载力，组织岩土及结构专家论证会，综合分析确定最终验收标准。

问题【2.2.6】

问题描述：

对独立柱基采用换填进行地基处理时，未提供详细回填剖面，或者提供错误的回填剖面示意，导致实际施工时换填范围不足，使结构地基出现较大变形。

原因分析：

不熟悉地基处理规范的相应要求，未考虑基底压力在地基中的扩散和周围土的约束作用。

应对措施：

换填垫层处理时，应按《建筑地基处理技术规范》JGJ 79—2012第4.2.3条确定换填层的底面宽度（需要根据换填材料和换填深度，确定相应的扩散角度），再考虑原状土条件，确定合理放坡角度和换填的顶面范围，如图2.2.6所示。

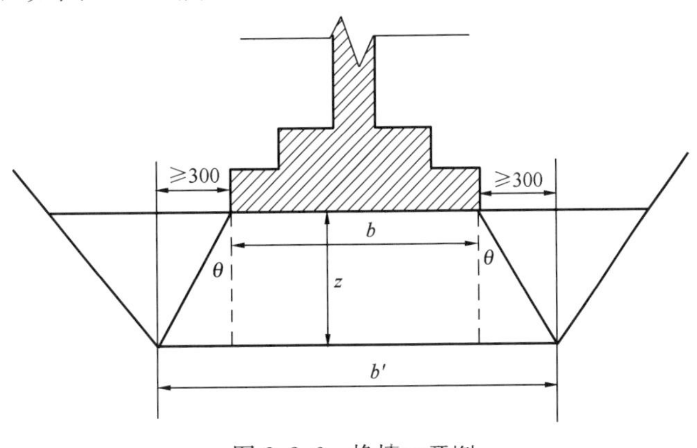

图2.2.6　换填示意图

问题【2.2.7】

问题描述：

对于淤泥深厚的地区，为节约成本，设计时未采用结构地坪。使用时出现地坪下陷，需要二次处理。

原因分析：

对淤泥固结沉降的程度估计不足。对于淤泥深厚的地区，未经有效处理的淤泥沉降难以稳定，沉降量也可能会很大。

应对措施：

建议采用结构地坪。对于室外道路、堆场可考虑进行地基处理控制沉降。

问题【2.2.8】

问题描述：

采用挤密桩处理软弱地基时，仅在基础范围布置。

原因分析：

不熟悉挤密桩的处理原理与刚性桩设计的不同，应注意根据不同的地基处理方式确定相应的处理范围。

应对措施：

对采用振冲碎石桩和沉管砂石桩处理的复合地基，其处理范围应按《建筑地基处理技术规范》JGJ 79—2012 第 7.2.2.1 条执行。地基处理范围根据建筑物的重要性和场地条件确定，宜在基础外缘扩大 1～3 排桩。对可液化地基，基础外缘扩大宽度不应小于基底下可液化土层厚度的 1/2，且不应小于 5m。

对灰土挤密桩和土挤密桩复合地基，其处理范围应按《建筑地基处理技术规范》JGJ 79—2012 第 7.5.2.1 条执行。地基处理的面积：当采用整片处理时，应大于基础或建筑物底层平面的面积，超出建筑物外墙基础底面外缘的宽度，每边不宜小于处理土层厚度的 1/2，且不应小于 2m；当采用局部处理时，对非自重湿陷性黄土、素填土和杂填土等地基，每边不应小于基础底面宽度的 25%，且不应小于 0.5m；对自重湿陷性黄土地基，每边不应小于基础底面宽度的 75%，且不应小于 1.0m。

2.3 基础选型

问题【2.3.1】

问题描述：

场地土层中存在孤石，桩基选型时采用预应力管桩，在桩基施工时造成大量的断桩，影响施工进度及质量。

原因分析：

勘探提及孤石，但桩基选型时未充分考虑孤石对沉桩的影响，造成施工困难。

应对措施：

当孤石较多时，宜优先考虑钻孔灌注桩，如果必须采用预应力管桩，宜提前考虑引孔措施。

问题【2.3.2】

问题描述：

由于电梯基坑位置调整造成部分已施工的桩顶标高降低，导致有效桩长小于6m。不满足规范最小桩长要求。

原因分析：

常规做法，桩长小于6m时宜按墩基础设计，其承载力与桩基础承载力相差较多，不能满足受力要求。

应对措施：

在土层中桩长小于6m时，宜按墩基础设计。当桩的持力层为强度较高的硬质岩时，可按岩石地基进行基础设计，考虑岩层对桩基础的有效嵌固作用，在满足桩进入持力层一定深度后，实际有效桩长可适当降低要求，必要时通过专家论证会确定。

问题【2.3.3】

问题描述：

地下室底板下土层标高变化较大，或主体结构荷载差异较大时，采用同一种基础形式难以适应地层起伏的变化和承载力需求，如图2.3.3所示。

原因分析：

底板下土层起伏变化较大或主体结构荷载差异较大时，可考虑采用天然基础和桩基础等不同的基础形式。

应对措施：

设计时应复核两种不同地基基础的沉降，当沉降差不满足规范要求时宜设置沉降后浇带，并在交界处一定范围内采取加强措施。

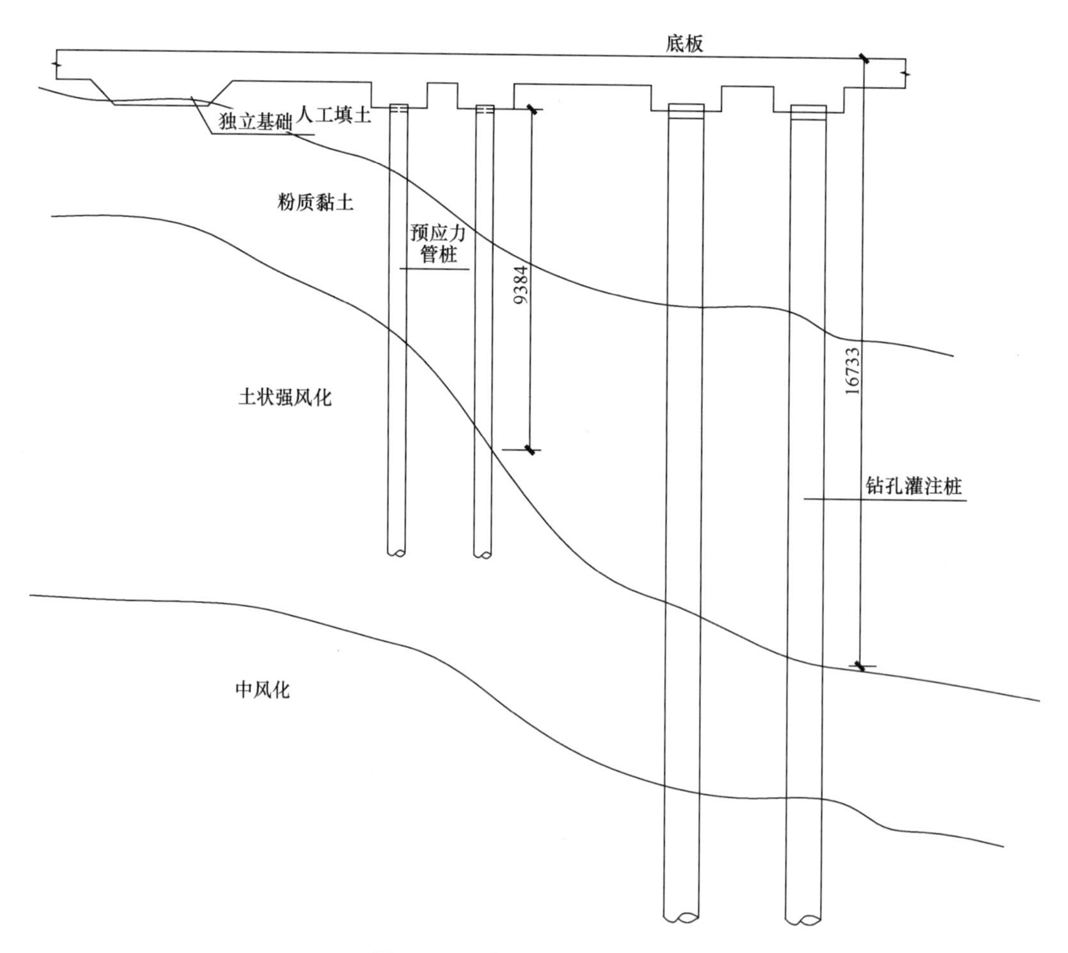

图 2.3.3 多种基础混用示意图

2.4 地下室抗浮设计

问题【2.4.1】

问题描述：

抗拔锚杆布置于多层地下室的框架柱下，暴雨时造成抗拔锚杆未完全发挥作用，造成整体或局部地下室抗浮破坏。

原因分析：

抗拔锚杆是由杆体（由钢绞线、钢筋、特制钢管等筋材组成）和注浆体等组成的，一般直径130～220mm，抗压刚度小。

1）在无水状态下或施工降水时，如果框架柱有较大由重力荷载产生的轴力时，锚杆抗压变形大，容易造成抗压破坏。

2）锚杆是被动型抗浮，只有产生较大向上变形时，才会充分发挥作用，当框架柱轴力较大时，柱下向上变形小，跨中底板向上变形在柱下或近柱边的锚杆变形较小，造成锚杆未完全发挥抗拔作用时，已形成地下室部分或局部破坏。

应对措施：

1）抗拔锚杆应集中或均匀布置于板跨中间，充分发挥锚杆作用。

2）考虑锚杆刚度，整体计算分析。

问题【2.4.2】

问题描述：

地下室底板及侧墙后浇带封闭过早，上部裙房或覆土的自重还不足以平衡地下水浮力，造成地下室底板上浮、开裂、漏水等现象。

原因分析：

地下室抗浮设计考虑的工况包括地下及地上结构荷载的有利作用，如地下室荷载、上部裙房的荷载、顶板的覆土荷载等，若此类荷载未施工到位，在未保证合理降水措施的前提下，设计人员同意施工单位封闭底板及侧墙的后浇带，可能会导致水浮力大于上部结构荷载的重量，引发抗浮构件破坏，地下室上浮、开裂及漏水等现象。

应对措施：

复核抗浮设计的计算条件在后浇带封闭前是否已经满足，否则应确保降水措施到位，方可封闭地下室底板及侧墙的后浇带。

问题【2.4.3】

问题描述：

地下室抗浮设计时，不知道抗浮方案该如何选用。

原因分析：

为扩展建筑地下空间，地下建筑的层数越来越多。南方地区地下水位高，地下室抗浮的问题也更加突出。在不同的场地，应根据土层厚度、土层透水性及项目情况分别选用不同的抗浮方案，同时设计时要注明施工期间停止降水条件。

应对措施：

1）增加自重平衡法：当上部重力小于水浮力，但相差较小时（$\leqslant 1.5t/m^2$），一方面在结构上采用无梁楼盖等方法尽量降低层高，减少地下室埋深，另一方面可以降低底板标高，在底板上填级配砂石或素混凝土，以增加压重的方式抗浮。

2）桩基或锚杆抗浮：当上部重力小于浮力且相差较大时，通常的做法是采用桩基或抗浮锚杆抗浮。底板离基岩较浅时，建议采用抗浮锚杆（如采用土锚杆，则优先采用扩大头锚杆），底板离基岩较深时，建议采用桩基抗浮，但要注意不同地区对抗浮设计有不同的要求。

3）降低水位法：降低水位法一种是通过机械强制排水达到设计水位来进行抗浮，实际工程中应用较少；另一种是结合坡地建筑采用盲沟或盲海排水来降低地下室埋深较大处的地下水位。

问题【2.4.4】

问题描述：

地下室整体抗浮设计有什么注意要点？

原因分析：

不清楚常规地下室抗浮设计需要考虑哪些因素。

应对措施：

1）要研究场地勘察资料，分析基础方案、设防水位、抗浮水位、基坑支护形式、地下室埋深、施工周期，综合确定基础方案，在确定基础方案后再确定抗浮方案。

2）要分析抗浮有利和不利场地及周边条件。

3）对抗浮计算的特定要求（如覆土、施工过程降水时间等）应在图纸中明确说明。

4）如果基础采用天然基础，可优先采用锚杆抗浮。

5）如果采用桩基，桩基抗拔承载力不满足的情况下，再补充锚杆抗浮。塔楼部分整体抗浮满足要求的情况下，一般不建议再增设锚杆抗浮。

6）坡地建筑条件合适时，也可采用盲沟或盲海等措施进行静力疏水法，降低抗浮设计水位。

7）一般基础方案宜进行多种抗浮方案比较，针对合理性、可行性及经济性等进行分析，必要时可组织专家评审。

8）桩基或锚杆大批施工之前宜进行试验，指导设计，达到既合理又经济的目标。

问题【2.4.5】

问题描述：

工程需要进行抗浮设计时，抗浮设防水位的选取和水浮力的计算应如何考虑？是否结构的强度设计按抗浮水位，而抗裂设计按稳定水位？水浮力可否打折？

原因分析：

不同规范要求不统一。

应对措施：

1）抗浮设防水位应由勘察报告提供。抗浮设防水位的选取和水浮力的计算可按照《建筑工程抗浮技术标准》JGJ 476—2019、广东省《建筑结构荷载规范》DBJ 15—101—2014 第 10.2 条、广东省《建筑工程抗浮设计规程》DBJ/T 15—125—2017 执行。

2）结构的强度设计和稳定性按抗浮水位设计，浮力不得打折。强度设计时若水头高度乘以分项系数后高于室外地坪以上 0.5m，且高于正负零标高时，可按室外地坪以上 0.5m 与正负零标高中的大值考虑。

3）如勘察报告提供长期稳定水位，抗裂设计可根据实际情况对抗浮水位适当打折，但不得低于长期稳定水位。

问题【2.4.6】

问题描述：

灌注桩抗拔配筋计算，按照裂缝控制时，是否应满足竣工验收检测时受力要求？

原因分析：

抗拔桩配筋一般情况根据抗拔承载力按照裂缝控制配筋，抗拔桩检测时按承载力的2倍来施加拉力，由于检测桩是施工完成后随机抽取，施工前不能确定具体的桩位。

应对措施：

根据《混凝土结构耐久性设计标准》GB/T 50476—2019规定，桩身裂缝计算时保护层宜采用30mm；根据《建筑桩基技术规范》JGJ 94—2008规定，长期处于稳定水位以下的基础，裂缝可按0.3mm控制。对于检测桩的钢筋验算，可按照钢筋屈服强度的标准值进行。例如：桩径1m，抗拔承载力为1350kN；桩身配筋14Φ25（HRB400），裂缝0.3mm，14Φ25的抗拔承载力标准值为$F=6872N\times400=2748.8kN>2\times1350kN$，满足2倍的抗拔承载力的要求。因此灌注桩抗拔配筋计算，按照裂缝控制时，可以满足检测受力要求，不需单独配筋。

问题【2.4.7】

问题描述：

地下室整体抗浮计算，恒载作为有利荷载，应按小值取值。

原因分析：

正常地下室计算时，为保证地下室设计的安全，恒载作为不利荷载，通常取值偏大。但对于抗浮计算，恒载作为有利荷载，应取小值。

应对措施：

1）覆土重度：16kN/m^2。
2）覆土厚度：按最小值计算。
3）混凝土重度：25kN/m^2。
4）梁、柱、板重叠位置需减去。
5）隔墙荷载按较小值。
6）地下室顶板水池等位置，按无水时取值。
7）地上为多层建筑时，尤其注意地下室的整体抗浮。
8）灵活隔断不计入抗浮有利荷载。
9）装修荷载按实际情况取小值。

2.5　基础设计

问题【2.5.1】

问题描述：

采用灌注桩时，要求桩身混凝土采用抗渗混凝土。

原因分析：

《地下工程防水技术规范》GB 50108—2008 对防水混凝土有严格的性能要求，防水混凝土要求具有很高的抗渗性能，并达到防水要求。防水混凝土主要用于经常受压力水作用的工程和构筑物。桩在地下水作用下不会产生弯矩，也无需防水。

应对措施：

一般的桩不考虑受压力水作用，无须按防水混凝土考虑，故不必采用抗渗混凝土；当土和地下水对桩有腐蚀性时，应按《工业建筑防腐蚀设计标准》GB/T 50046—2018 采用抗渗混凝土。

问题【2.5.2】

问题描述：

防水底板的最小配筋率均按 0.15%取值。

原因分析：

地下室防水板可以分为两种情况：其一是底板及底板上面层总重量小于地下水浮力，则底板承受向上的水浮力，应满足受弯构件的最小配筋率；其二是底板及底板上面层总重量大于地下水浮力，适用于《混凝土结构设计规范》GB 50010—2010（2015 年版）中卧置于地基上的混凝土板，板中受拉钢筋的最小配筋率可适当降低，但不应小于 0.15%。

应对措施：

承受水浮力的混凝土防水底板，计算为构造配筋时，最小配筋率应满足受弯构件最小配筋率的要求，为 0.20%和 $45f_t/f_y$ 中的较大值。

问题【2.5.3】

问题描述：

嵌岩桩最小间距如何控制？

原因分析：

项目柱底轴力太大时，需要布置数量较多的钻孔灌注嵌岩桩，按照广东省《建筑地基基础设计规范》DBJ 15—31—2016 第 10.1.5 条，最小间距不宜小于 0.5m，但实际施工中，能否保证在 0.5m 桩间距情况下岩体的完整性，如图 2.5.3 所示。

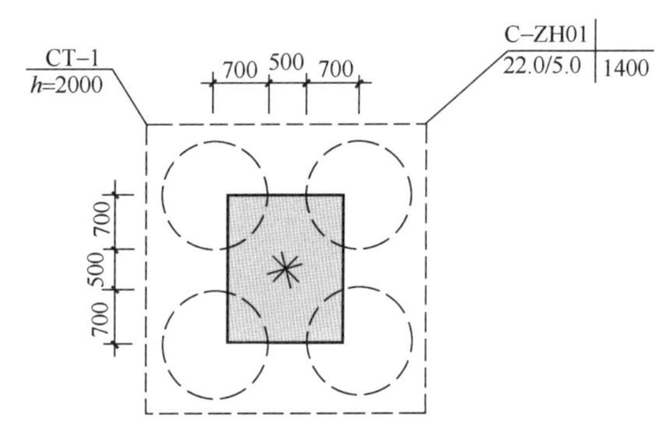

图 2.5.3　嵌岩桩桩距示意图

应对措施：

首先，应加大钻孔灌注嵌岩桩直径，减少桩的数量，在施工条件许可时，宜采用一柱一桩。其次，针对这种情况，钻孔灌注嵌岩桩应采用交错施工方式，当桩长较短时，最小桩间距可按 0.5m 控制；当桩长较长时，宜适当加大桩间距。

问题【2.5.4】

问题描述：

对于抗拔群桩基础，仅进行非整体破坏时的验算，可能存在安全隐患。

原因分析：

地下室设计时，柱承台下集中布桩而形成群桩效应，群桩呈整体破坏先于单桩破坏，此时若仅进行非整体破坏时的验算，则存在安全隐患。

应对措施：

确定抗浮桩基桩数量及平面布置后，应对单桩抗拔承载力和群桩基础呈整体破坏的抗拔承载力分别进行验算，确保桩基抗浮设计的安全性。

问题【2.5.5】

问题描述：

边桩中心至承台边缘的距离是否可以小于桩的直径。

原因分析：

根据《建筑桩基技术规范》JGJ 94—2008 第 4.2.1 条要求，大直径桩承台按照此条设计造成承台尺寸偏大，经济性较差。

应对措施：

1）对于无地下室底板的承台，除单桩承台和条形梁式承台外，桩外边缘距承台边缘须满足《建筑桩基技术规范》JGJ 94—2008 第 4.2.1 条要求。

2）对于有地下室底板的承台在满足嵌固及斜截面承载力（抗冲切、抗剪切）的情况下，一般桩外边缘距承台边缘可取 250mm。

问题【2.5.6】

问题描述：

项目基础采用机械钻孔扩底灌注桩，桩端持力层为强风化花岗岩，设计要求沉渣厚度不得大于 50mm，桩基检测时发现桩底沉渣超标。

原因分析：

施工过程中孔底沉渣清理不干净。

应对措施：

设计图纸应明确施工要求，可采取如下措施：

1）采用合理的施工工艺，如反循环等，加强清孔。

2）建议预留高压灌浆管，进行后处理。

问题【2.5.7】

问题描述：

有的地勘报告只按腐蚀性最强的土层给出结论，而项目基础底标高低于该土层，桩基所在土层的腐蚀性较弱，因此按腐蚀性最强土层确定抗拔桩的裂缝宽度限值不合适。

原因分析：

未仔细查看每个土层的腐蚀性、底部标高及桩基所处土层的腐蚀性。

应对措施：

要求地勘报告分不同的土层进行腐蚀性判别，桩身根据所处土层腐蚀性情况来确定其裂缝宽度限值。

问题【2.5.8】

问题描述：

在桩基础设计时，没有考虑场地存在回填较厚土层的情况。

原因分析：

场地填土在自重固结过程中对桩基础产生负摩阻，同时会造成桩基础变形较大。

应对措施：

1）优先考虑对回填土进行地基处理。

2）计算桩基承载力时应适当考虑负摩阻引起折减，同时应验算桩基础变形是否满足设计要求。

问题【2.5.9】

问题描述：

对于地质复杂、岩层起伏比较大的情况，同一建筑物的基础置于土层和岩层两种软硬不均的持力层上，建筑物容易变形开裂。

原因分析：

因土层和岩层压缩模量不同，在竖向荷载作用下会造成不均匀沉降，导致基础开裂或变形。

应对措施：

加大软弱土层上的基础面积，基础底部在较硬中、微风化岩层部分应设置褥垫层，适当控制土层独立基础的地基变形或采取其他构造措施，以协调与较软持力层之间的变形。

问题【2.5.10】

问题描述：

场地有淤泥层，桩基设计采用预制管桩，在施工期间管桩质量较好，但基坑开挖过程中，造成已施工管桩大量倾斜。

原因分析：

重型机械在场地内行走引起淤泥层的振动及流动，对管桩造成不对称的侧压力，致使管桩产生倾斜。

应对措施：

对有较厚软土层的场地，设计单位应提醒施工单位优化施工顺序，注意施工过程中对已施工桩基的保护，如有必要可选用直径较大的灌注桩。

问题【2.5.11】

问题描述：

在基础及承台设计中存在联合独立基础或者联合承台，多柱（墙）独立基础或承台未配置面筋。

原因分析：

当独立基础或者联合承台上有两个及以上竖向构件时，以竖向构件为支点，地基反力或者桩反力会引起基础或承台的弯矩。

应对措施：

采用能反映多柱联合独立基础或多柱联合桩承台受力的计算程序进行内力分析，根据实际受力配置受力面筋。

问题【2.5.12】

问题描述：

建筑隔墙下未设置结构拉梁，砖墙直接落在建筑地坪上，地坪以下土层固结时，引起地坪下沉，导致墙体开裂。

原因分析：

建筑地坪以下的土层往往是回填土，未经处理时会产生固结变形，在隔墙荷载作用下，导致地坪下沉或者产生不均匀沉降，从而会引起隔墙开裂。

应对措施：

在建筑隔墙下设置地梁或拉梁，对回填土进行压（夯）实处理，当地坪以下土层较好时可设置元宝基础。

问题【2.5.13】

问题描述：

全埋式地下通道计算时（图 2.5.13），常规做法是采用单独构件分离计算，即侧壁、顶板各自按单独的构件进行计算，其约束条件和实际不符，所以计算结果不准确。

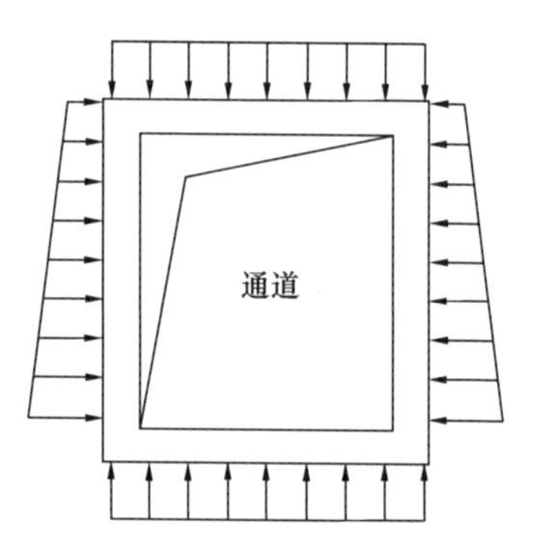

图 2.5.13　全埋式地下通道荷载示意图

原因分析：

通道结构是一个整体，侧壁、顶板和底板的受力相互影响，分开计算时，不易考虑相互之间的约束，和实际受力会有较大的差别，特别是当顶板覆土很大时，不考虑覆土影响计算的结果偏小，对侧壁不利。

应对措施：

全埋式地下通道应采用整体方式按实际情况建模计算，充分考虑各构件之间的相互影响。

问题【2.5.14】

问题描述：

涉及嵌岩桩计算的主要规范有《建筑地基基础设计规范》GB 50007—2011、《建筑桩基技术规范》JGJ 94—2008和广东省《建筑地基基础设计规范》DBJ 15—31—2016，桩身承载力计算及参数取值基本一致，单桩竖向承载力特征值计算结果差别较大。

原因分析：

《建筑桩基技术规范》JGJ 94—2008未考虑有侧摩阻的情况；广东省《建筑地基基础设计规范》DBJ 15—31—2016与《建筑桩基技术规范》JGJ 94—2008的差别主要在嵌岩段承载力的计算，用两种计算方法的数值有时差别较大，各规范公式如下：

《建筑地基基础设计规范》GB 50007—2011第8.5.6条仅提供了桩长较短的嵌岩桩特征值计算公式：

$$R_a = q_{pa} A_p \tag{8.5.6-2}$$

《建筑桩基技术规范》JGJ 94—2008第5.3.9条提供的嵌岩桩极限承载力标准值计算公式：

$$Q_{uk} = Q_{sk} + Q_{rk} \tag{5.3.9-1}$$

$$Q_{sk} = u \sum q_{sik} l_i \tag{5.3.9-2}$$

$$Q_{rk} = \zeta_r f_{rk} A_p \tag{5.3.9-3}$$

广东省《建筑地基基础设计规范》DBJ 15—31—2016第10.2.4条提供的嵌岩桩特征值计算公式：

$$R_a = R_{sa} + R_{ra} + R_{pa} \tag{10.2.4-1}$$

$$R_{sa} = u \sum q_{sia} l_i \tag{10.2.4-2}$$

$$R_{ra} = u_p C_2 f_{rs} h_r \tag{10.2.4-3}$$

$$R_{pa} = C_1 f_{rp} A_p \tag{10.2.4-4}$$

应对措施：

细算分析发现：当灌注嵌岩桩（如中风化、软岩）深径比为1.0时，$C_1=0.32$，$C_2=0.032$，《建筑桩基技术规范》JGJ 94—2008的$\zeta_r A_p=0.95\pi R^2$，特征值采用$0.475\pi R^2$，广东省《建筑地基基础设计规范》DBJ 15—31—2016的$C_1 A_p=0.32\pi R^2$，$u_p C_2 h_r=0.128\pi R^2$，所以按广东省《建筑地基基础设计规范》DBJ 15—31—2016计算的嵌岩端承载力要小；而当桩入岩深径比加大为8.0时，$\zeta_r A_p=1.70\pi R^2$，特征值采用$0.85\pi R^2$，$C_1 A_p=0.32\pi R^2$，$u_p C_2 h_r=1.024\pi R^2$，按广东省《建筑地基基础设计规范》DBJ 15—31—2016计算的嵌岩端承载力远大于《建筑桩基技术规范》JGJ 94—2008的计算值。当灌注嵌岩桩（如微风化、硬岩）深径比为0时，$C_1=0.32$，$C_2=0$，《建筑桩基技术规范》JGJ 94—2008的$\zeta_r A_p=0.45\pi R^2$，特征值采用$0.225\pi R^2$，广东省《建筑地基基础设计规范》DBJ 15—31—2016的$C_1 A_p=0.32\pi R^2$，$u_p C_2 h_r=0$，所以按广东省《建筑地基基础设计规范》DBJ 15—31—2016计算的嵌岩端承载力要大于《建筑桩基技术规范》JGJ 94—2008的计算值。所以，建议设计单位要求《勘察报告》提供嵌岩桩承载力计算采用的相关规范及计算方法。对于广东省的项目应优先采用广东省《建筑地基基础设计规范》DBJ 15—31—2016中的计算方法，并进行试桩。

问题【2.5.15】

问题描述：

地下室层数变化处，基础底板持力层不在同一个标高处。

原因分析：

上部荷载传给基础后，基础底部土会对下层侧壁产生水平推力，特别是塔楼位置荷载较大时，如果没有考虑，会产生侧壁开裂，更严重的会产生变标高处周边构件和持力层的破坏。

应对措施：

在确保回填土压实系数不小于 0.94 的情况下，可采取以下解决方案：

方案一：高标高处的基础降低，采用天然地基时，基础底的 1∶2 放坡线应全部位于低标高侧壁的下方（图 2.5.15-1）。

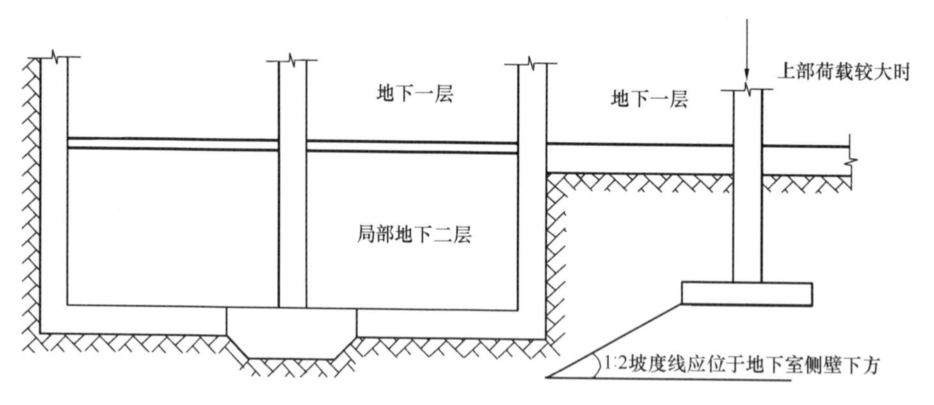

图 2.5.15-1　高标高基础降低示意图

方案二：高、低标高处基础按正常底板标高设置，但应考虑高标高的基础对地下室侧壁的水平推力（图 2.5.15-2）。

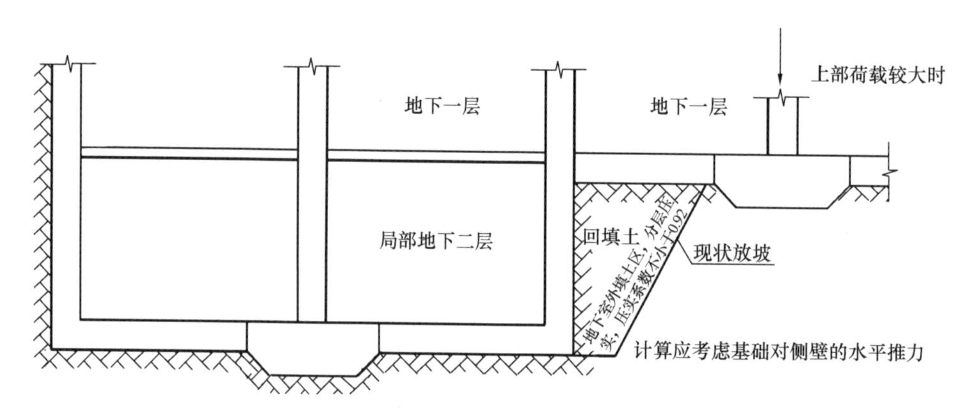

图 2.5.15-2　考虑高标高基础对地下室侧壁推力示意图

方案三：高标高处采用桩基础（图 2.5.15-3）。

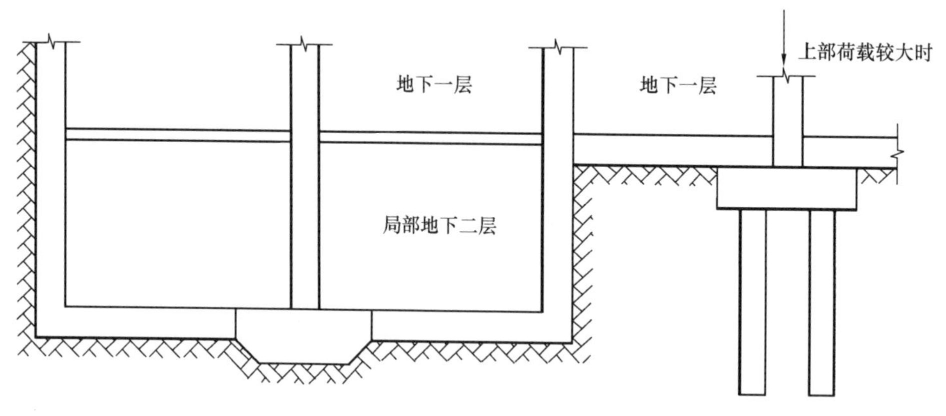

图 2.5.15-3　高标高基础采用桩基础示意图

问题【2.5.16】

问题描述：

地下室基坑支护采用内支撑，施工期间经常发现支撑立柱与主体结构基础重叠（图 2.5.16）。

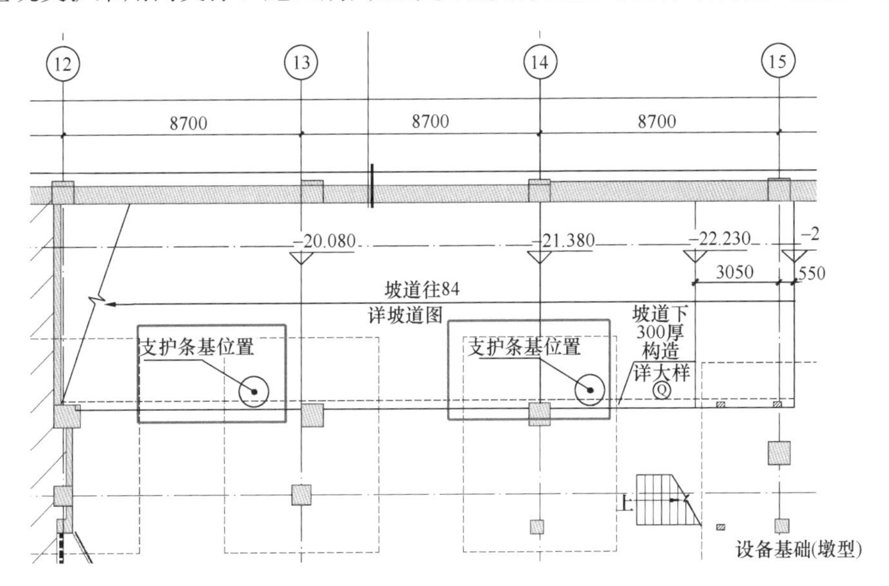

图 2.5.16　支撑立柱与主体基础重叠示意图

原因分析：

一般基坑的支撑设计和施工均早于主体结构施工图设计，支撑设计经常仅考虑避开结构竖向构件，未考虑与基础重叠的情况，且后期的施工图设计也不可避免局部修改，所以经常出现支撑立柱与主体基础重叠的情况。

应对措施：

尽量统筹考虑基坑的支撑设计和整体结构及其基础的设计，如支撑立柱与主体结构基础确实无法避开时，基础按实际开洞情况验算分析，洞口边按计算结果加强。

问题【2.5.17】

问题描述：

某项目根据建设需要，在已有 8 层建筑旁加建 6 层框架结构建筑，已有建筑为柱下独立基础，这时新建建筑的基础该如何处理?

原因分析：

按照建设单位要求，新旧建筑作为一个整体每一层需贯通使用，且加建项目施工期间不得影响已有建筑正常的使用，故不能对原建筑采取结构加固处理，新增建筑部分基础及其主体须与原建筑完全脱开。由于施工场地受限，新增建筑无法采用桩基础。

应对措施：

原建筑基础为柱下独立基础，新增建筑在原建筑基础同标高处采用围绕原独立基础周边设置齿状筏板基础，以满足新增建筑承载力需要，新旧基础关系如图 2.5.17 所示，新旧基础之间宜设置 30～50mm 的缝隙，避免新旧基础产生相互影响。

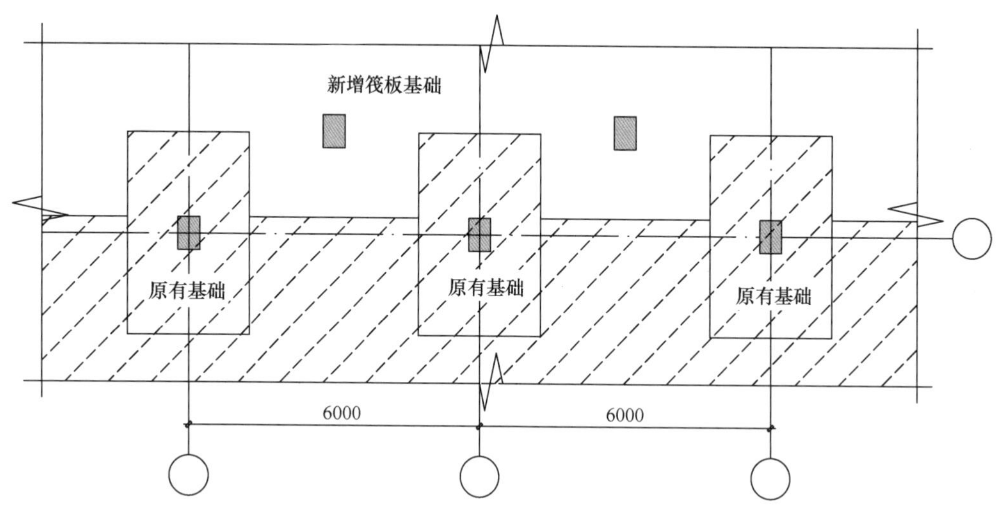

图 2.5.17　新旧基础关系示意图

问题【2.5.18】

问题描述：

地下室桩筏板基础多桩承台的底部钢筋未锚入底板范围内（图 2.5.18），造成承台侧面及底板开裂，地下室底板渗漏严重。

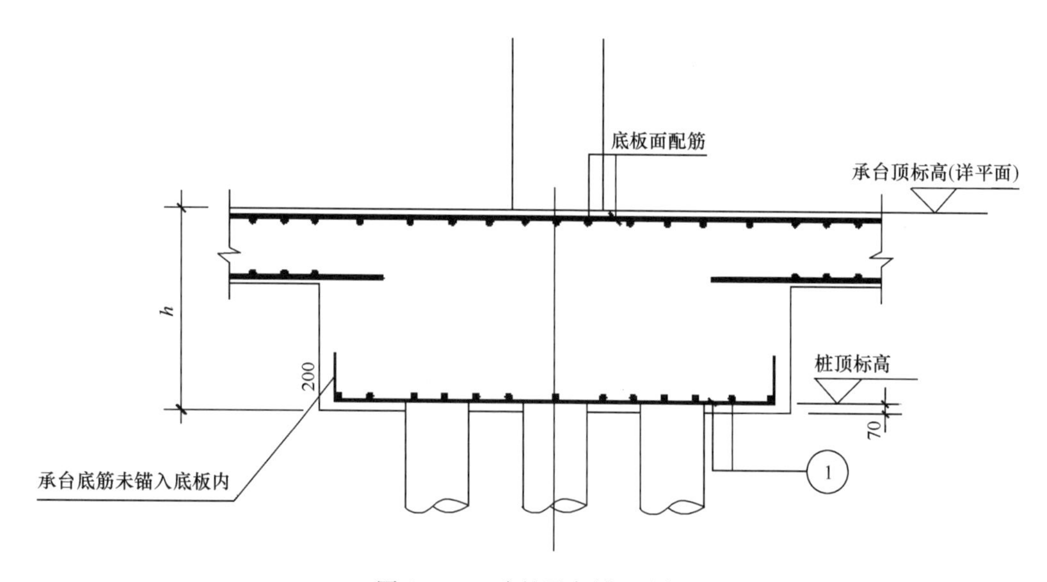

图 2.5.18　多桩承台剖面示意

原因分析：

柱下多桩承台在只承受柱传来的荷载作用时，只配下部筋是可以的，但在地下室桩筏基础中，在水浮力的作用下，承台应与底板共同受力，底板内力会传递到承台，使得承台侧面产生拉应力，若承台的底部钢筋未锚入底板内，会造成承台与底板交接处的侧面拉裂，并往承台里延伸，产生承台与底板交接处直至柱子根部的裂缝，导致地下室严重渗漏事故。

应对措施：

多桩承台的底部钢筋锚入底板内，使承台与底板共同受力。如果承台底筋较大，锚固长度偏大，承台侧面锚入底板用小直径钢筋替代，但锚入底板内钢筋不应小于交接处板配筋。

问题【2.5.19】

问题描述：

冲孔灌注桩在溶洞地区施工，成孔时打穿水流通道，导致桩孔承压水涌入，地下水不断上升，当水量较大时，抽水也无法减缓上涌的水流，造成冲孔灌注桩成桩困难。

原因分析：

对地下承压水情况估计不足，施工时发现桩孔内承压水水压大、水流速度快，浇筑的混凝土无法凝固，无法成桩。

应对措施：

可回填部分基坑，使得基坑底标高高于承压水水位，桩基成孔时，加钢管穿过有承压水的溶洞，等孔内水流缓和后再浇筑混凝土成桩。

问题【2.5.20】

问题描述：

塔楼下多桩大承台，局部电梯基坑或集水坑太深，基础弯折板太厚（图 2.5.20）。

原因分析：

一般核心筒下多桩承台厚度较厚，核心筒内电梯基坑或集水坑需要降板，常规做法采用折板，往下折板的侧壁和底板厚度均与承台底板相同，形成很厚的弯折板。其实这部分采用折板后，结构刚度往往很大，完全可以进行设计优化。

应对措施：

可根据实际受力情况减薄弯折板，电梯基坑或集水坑尽量避让桩基础，放置在受力较小的位置。另外应进行承台受力计算和桩基础冲切验算，必要时可设置暗梁及附加钢筋进行加强。

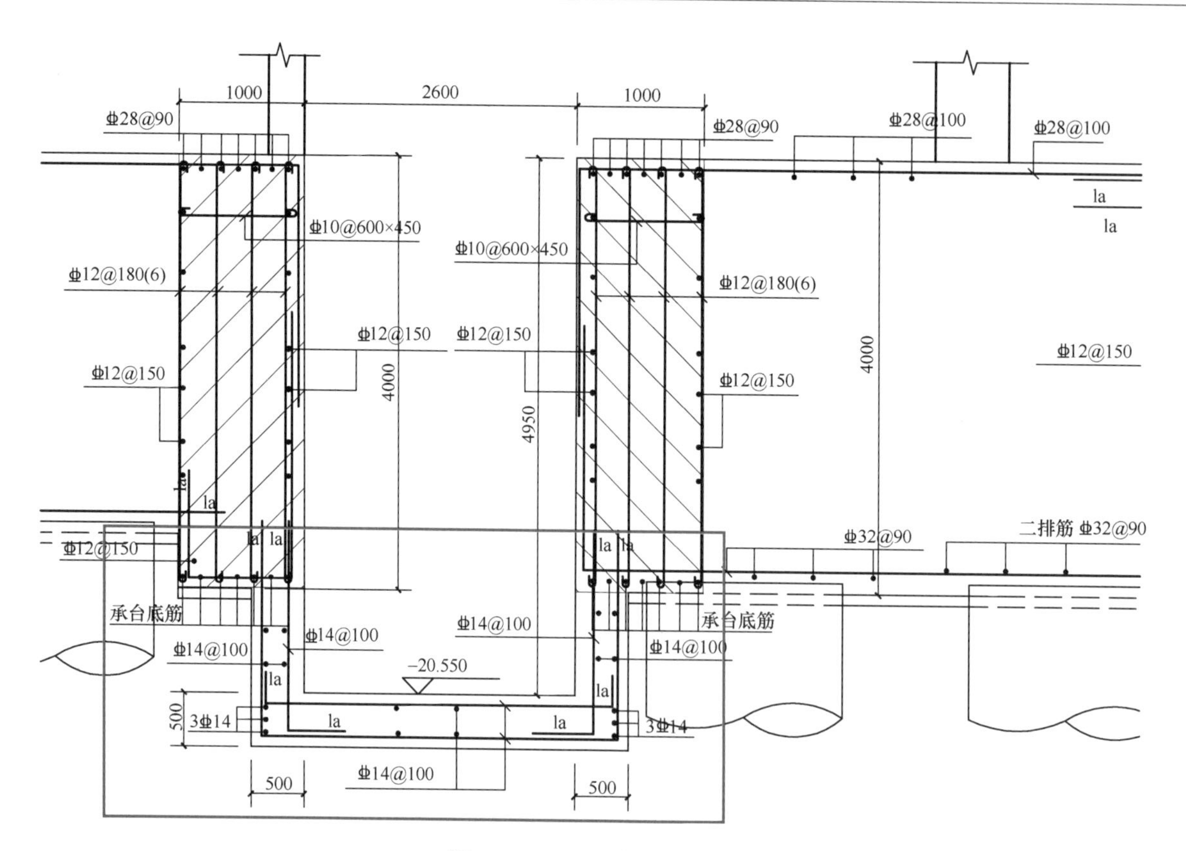

图 2.5.20　基础折板示意图

问题【2.5.21】

问题描述：

以强风化层为桩端持力层的大直径灌注桩，在计算单桩承载力特征值时是否需要考虑桩侧和桩端的尺寸效应。

原因分析：

对于以土层作为持力层的大直径灌注桩，根据《建筑桩基技术规范》JGJ 94—2008 第 5.3.6 条，在计算大直径灌注桩单桩承载力特征值时，应考虑桩侧和桩端的尺寸效应，而对于嵌岩桩，规范并没有明确规定，但从工程实际经验来看，强风化岩的形状更接近土。

应对措施：

建议以强风化层为桩端持力层的大直径灌注桩在计算单桩承载力特征值时根据《建筑桩基技术规范》JGJ 94—2008 第 5.3.6 条考虑桩身尺寸效应（深圳地区勘察报告里已考虑尺寸效应时，计算时不再考虑）。

问题【2.5.22】

问题描述：

预应力管桩抗拔承载力验算只验算预应力管桩与桩侧土之间的摩擦力，没有验算填芯混凝土桩头的抗拔承载力。

原因分析：

对影响预应力管桩抗拔承载力的因素认识不够。

应对措施：

全面验算影响抗拔承载力的各个因素，包括：1）预应力管桩与桩侧土之间的摩擦力；2）桩头填芯混凝土中的钢筋的抗拉承载力；3）桩头填芯混凝土的深度（可按《预应力混凝土管桩技术标准》JGJ/T 406—2017 计算）。

问题【2.5.23】

问题描述：

预应力管桩布桩时，不满足规范桩间距要求。

原因分析：

《建筑桩基技术规范》JGJ 94—2008 表 3.3.3 中关于基桩最小桩距的规定，主要是考虑桩侧阻力的有效发挥及避免挤土型桩挤土效应严重影响成桩质量。一般来说预应力管桩属于挤土型桩，且存在较大的桩侧摩阻力。

应对措施：

预应力管桩应严格满足规范要求，对于桩距不满足要求的，需乘以桩侧阻折减系数。桩侧阻折减系数，规范并没有明确规定，可参考刘金砺、高文生、邱明兵编著的《建筑桩基技术规范应用手册》第 388 页的经验公式进行折减。

问题【2.5.24】

问题描述：

抗拔锚杆锚固端在土体内时，未进行锚固体稳定性验算。

原因分析：

抗拔锚杆锚固端整体稳定计算见图 2.5.24。

应对措施：

锚杆为土锚时，应按《建筑工程抗浮技术标准》JGJ 476—2019 第 7.5.5 条第 3 款或广东省《建筑工程抗浮技术标准》DBJ/T 15—125—2017 第 7.2.2 条进行锚固体稳定性验算。锚杆为岩锚时，应按《建筑工程抗浮技术标准》JGJ 476—2019 第 7.5.5 条第 3 款进行锚固体稳定性验算。

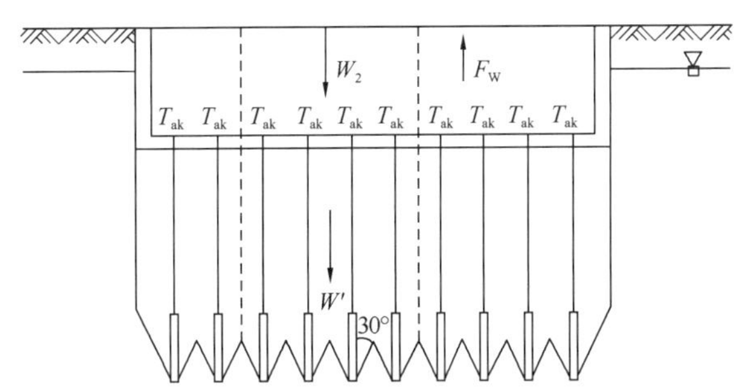

图 2.5.24 抗拔锚杆锚固体整体稳定计算示意图

W_2——地下室某一局部区域内抵抗浮力的建筑物总重量（不包括活荷载）；

F_W——作用于地下室底板某一局部区域的浮力。

问题【2.5.25】

问题描述：

地下水有弱、中腐蚀性，垫层采用100mm厚C20混凝土满足相关规范要求。

原因分析：

对一些不常用的新规范不熟悉。

应对措施：

垫层应为150mm厚C20混凝土或100mm厚聚合物水泥混凝土，详见《工业建筑防腐蚀设计标准》GB/T 50046—2018表4.8.5-1注3。

问题【2.5.26】

问题描述：

桩筏的板厚直接按电算的输入厚度取值，厚度不足。

原因分析：

对使用的程序没有深入了解。程序电算桩筏板的保护层厚度默认值是40mm，施工图桩筏基础底板的实际保护层厚度考虑到桩顶伸入承台的高度70 mm或100mm，其保护层厚度就应该是70mm或100mm。

应对措施：

应根据实际情况修改电算桩筏的板保护层厚度为70mm或100mm。

问题【2.5.27】

问题描述：

单桩承载力计算考虑纵筋作用，桩顶箍筋加密区长度不满足$5d$要求。

原因分析：

为节省造价，在单桩承载力计算时考虑纵筋作用，相对于同直径不考虑纵筋作用的桩，桩头混凝土轴压比及其影响深度加大，为提高混凝土延性性能应对桩头$5d$范围内箍筋加密。

应对措施：

按《建筑桩基技术规范》JGJ 94—2008第5.8.2条第1款要求，桩顶以下$5d$范围内桩身箍筋间距不大于100mm。

问题【2.5.28】

问题描述：

采用扩大的单桩承台尺寸，配筋仍按构造，未考虑地下室底板水浮力的影响。

原因分析：

地下室基础采用单桩单柱大柱网时，为减小底板厚度，满足底板与承台抗冲切要求，扩大承台尺寸。在地下水浮力作用下，承台需将底板传来的水浮力传至桩和柱上，水浮力作用下承台内引起附加弯矩，按构造配筋不能保证承台承载力满足要求。

应对措施：

应按承台与底板共同受力计算底板及承台的配筋。

问题【2.5.29】

问题描述：

如何确定建筑物的基础埋深？有哪些相关要求？

原因分析：

地震作用下结构的动力响应与基础埋深关系比较大，特别是软土地基，所以基础应有一定的埋深。在确定基础埋深时，应综合考虑建筑物高度、体型、高宽比、地基土质、地基基础形式、抗震设防烈度等因素，基础埋深可以从室外地坪算至基础底面。

应对措施：

《高层建筑混凝土结构技术规程》JGJ 3—2010 第 12.1.8 条规定：天然地基或复合地基，可取房屋高度的 1/15；桩基础，不计桩长，可取房屋高度的 1/18。在满足承载力、变形、稳定性要求及上部结构抗倾覆要求的前提下，基础埋深可适当放松。基础位于岩石地基上时，应对建筑物进行抗滑移验算，满足时可以不考虑埋深要求。另外，确定基础埋深时还应考虑以下内容：

1）应考虑地面环境变化（如下雨、北方冰冻等）对基础承载力的影响，做好相关地面保护。

2）《高层建筑混凝土结构技术规程》JGJ 3—2010 第 12.1.7 条规定，在重力荷载与水平荷载标准值或重力荷载代表值与多遇地震标准值共同作用下，高宽比大于 4 的高层建筑，基础底面不宜出现零应力区；高宽比不大于 4，基础底面与地基之间零应力区的面积不应超过底面的 15%。裙楼和主楼可分开计算。

3）高层建筑的基础与其相连裙房的基础，设置沉降缝时，应考虑高层建筑基础有可靠的侧向约束及有效埋深。

问题【2.5.30】

问题描述：

塔楼旋挖灌注桩，承压群桩的桩间距是否必须大于 $3d$？

原因分析：

很多旋挖灌注桩基础，为了控制桩径，采用小桩径，这样会导致柱下或墙下出现大量群桩，如果按照 $3d$ 桩间距会导致承台尺寸和厚度较大。

应对措施：

1）群桩桩间距 $3d$ 在实用简化计算方法中被认为是桩侧摩阻力充分发挥单桩承载力的临界值。

2）如果群桩桩间距小于 $3d$，桩侧摩阻力可以按照桩实际间距进行相应折减，这样就可以综合上部荷载、承台大小高度考虑桩间距。

3）桩端持力层为中风化岩或微风化岩时，一般为端承桩，群桩桩间净距不宜小于 1m。

问题【2.5.31】

问题描述：

大直径灌注桩，桩身箍筋加密区的长度，符合广东省《建筑地基基础设计规范》DBJ 15—31—2015 第 10.3.9 条的要求，但低于《建筑桩基技术规范》JGJ94—2008 第 4.1.1.4 条的规定。

原因分析：

不同规范要求不一致。

应对措施：

对承受水平荷载较大的桩基、承受水平地震作用的桩基以及考虑主筋作用计算桩身受压承载力时，应按《建筑桩基技术规范》JGJ 94—2008 第 4.1.1.4 条的规定：桩顶以下 $5d$ 范围内的箍筋应加密，间距不应大于 100mm；当桩身位于液化土层范围内时，箍筋应加密。对承受水平荷载较小的桩基、承受竖向荷载为主且按构造要求配置纵筋的桩，可按广东省《建筑地基基础设计规范》DBJ 15—31—2015 第 10.3.9 条的规定：桩顶 2～3m 范围内箍筋宜适当加密。

问题【2.5.32】

问题描述：

抗震设计时，桩箍筋在液化土层范围内没有按照规范要求加密。

原因分析：

地震作用下的桩基在软硬土层交界处最易受到剪、弯破坏。目前除考虑桩土相互作用的地震反应分析可以较好地反映桩身受力情况外，还没有简便实用的计算方法保证桩在地震作用下的安全性，因此必须采取有效的构造措施。

应对措施：

应按照《建筑抗震设计规范》GB 50011—2010 第 4.4.5 条，在液化土层范围内，其纵向钢筋应与桩顶部相同，箍筋应加粗和加密，保证液化土层附近桩身的抗弯和抗剪能力。

问题【2.5.33】

问题描述：

预应力管桩作抗拔桩时，采用 PHC-A 型预应力管桩不妥当。

原因分析：

预应力管桩受上拔力时，桩周的岩土抗拔阻力与桩身抗拉强度应匹配，A 型桩钢筋较小，抗拉强度不足。

应对措施：

广东省《锤击式预应力混凝土管桩基础技术规程》DBJ/T 15—22—2008 第 5.1.6 条第 5 款，抗拔桩宜选用 AB 型或 B 型、C 型管桩，不得选用直径 300mm 管桩。

问题【2.5.34】

问题描述：

预应力管桩桩承载力不足问题。

原因分析：

预应力管桩桩承载力不足问题，可能存在多种原因，应对其进行分析。其一是强风化泥岩或含泥量较多的强风化、全风化花岗岩遇水软化，桩端承载力降低；其二是静压桩终压力值偏小，特别是短桩；其三是锤击预应力管桩按实测贯入锤击数确定终锤标准，导致收锤过早。

应对措施：

采取措施，避免桩端持力层遇水软化；静压桩终压力值应根据桩长不同按规范建议取值；锤击桩收锤标准按修正贯入锤击数确定。

问题【2.5.35】

问题描述：

基础计算时考虑了上部结构刚度对基础的影响，但上部结构设计时又没有考虑基础对上部结构的影响。

原因分析：

没搞清楚上、下部结构相互作用原理，直接选用考虑上部结构刚度影响来计算桩反力，忽略了上、下部结构之间的相互关系及相互影响。

应对措施：

根据 YJK 软件的说明，软件仅考虑了上部结构对于基础的有利作用（利用上部结构整体刚度来调整基础反力），却未考虑上部结构与基础之间的相互作用。基础反力也会对上部结构产生相互作用的内力影响，基础的反力变化有多大，则产生的上部结构内力就有多大。建议考虑上部结构的影响，控制基础沉降在规范限值以内。

问题【2.5.36】

问题描述：

高烈度或高风压地区，特别是建筑物高宽比较大时，角部基础常常会出现受拉的情况。设计中也经常忽略对该部分桩提出抗拔要求。

原因分析：

设计人员习惯性只关注基础的最大反力，忽视最小内力的检查，特别是受拉情况的检查。没意识到除了竖向构件，基础也可能会出现受拉。

应对措施：

将基础设计图导入计算软件中复核基础反力，找到 N_{min} 工况下基础反力为拉力的基础，采取抗拔桩或增设抗拔锚杆的措施。

问题【2.5.37】

问题描述：

对抗压承载力很大但抗拔承载力很小的桩，是否要严格按抗拔桩采用全部通长配筋？

原因分析：

此类桩也有一定的抗拔力，属抗压兼抗拔桩，按规范也应满足抗拔桩的要求。

应对措施：

应区分对待，若抗拔力小于同直径的桩抗拔力的10%～15%，同时按实际通长钢筋进行抗拔验算，若都能满足要求，建议可适当放松。

问题【2.5.38】

问题描述：

超高层建筑框筒结构桩基满堂布置，内筒的冲切考虑不周全，或者未考虑内筒冲切。

原因分析：

对这种基础形式，可能存在多个冲切面，应对各种冲切的可能性进行分析（图2.5.38）。

应对措施：

应准确选取最不利的冲切位置进行抗冲切验算，不仅是内筒的冲切，还有内筒外第一排桩的冲

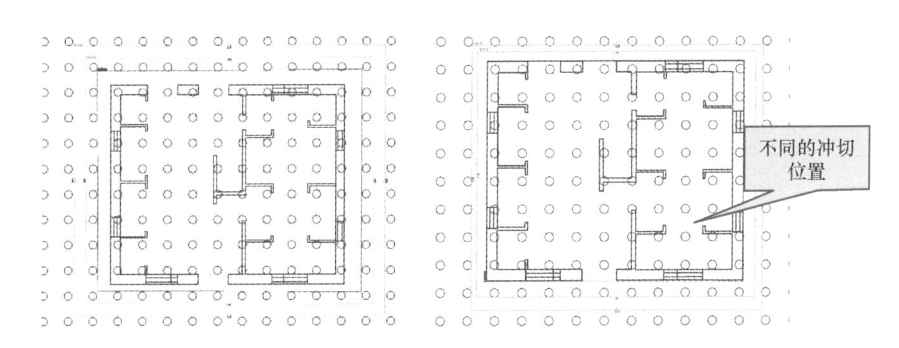

图 2.5.38　内筒冲切位置示意图

切，并进行包络设计。

问题【2.5.39】

问题描述：

山地建筑天然基础设计时，未控制其相邻基础之间高差与净距的比例。

原因分析：

对不同标高的天然基础，若不留有适当的净距，则可能导致基础之间的边坡不稳定，同时会出现高标高基础对低标高基础有附加应力的情况，影响基础的承载力。

应对措施：

一般情况下，宜根据土层情况控制基础之间底面高差与净距的比值在 1/2～1 之间（岩石可取 1）。

问题【2.5.40】

问题描述：

对遇水软化的地基，当采取天然基础时，未采取相应的措施。

原因分析：

设计人员对水影响地基承载力的现象不敏感。对遇水软化的地基，若采用天然基础，在遇水后，地基承载力迅速降低，较严重时地基承载力会下降 30%～40%，从而影响结构的安全性。

应对措施：

对遇水软化的地基，当采取天然基础时，在做好施工技术措施的同时，还应采取如下措施：

1）基槽开挖后应及时浇筑混凝土垫层，以防止土层遇水软化。

2）做好施工排水，做好基坑降水工作，同时应防止雨水流进基槽。

3）垫层采用不小于 C15 的防水细石混凝土，并周边上反不少于 500mm。

4）考虑雨期施工的不利影响，地基承载力特征值宜适当折减。

问题【2.5.41】

问题描述：

当采用灌注桩抗压或抗拔时，未考虑泥皮效应的不利影响，使得承载力取值偏高。

原因分析：

设计人员对泥浆护壁工艺中残存泥皮，从而减小摩阻力的现象不敏感。当采用泥浆护壁灌注桩时，残存在桩周边的泥皮会较大地减小桩侧摩阻力，使得桩的承载力有较大程度的降低，特别是桩的抗拔承载力，降低比例有时可高达50%～70%，因此，若未考虑泥皮的不利影响，将导致桩承载力不能满足设计要求。泥皮的影响大小与泥皮的质量、成孔时间及混凝土灌注时间均有较大关系，桩基施工时的工序与试桩时的施工工序不一致。

应对措施：

计算泥浆护壁灌注桩的抗压或抗拔承载力时，应考虑泥皮效应的不利影响，折减桩侧摩阻力或直接折减其承载力；也可采用现场载荷试验的方法确定其承载力，同时要求桩基施工时的工序应与试桩时的施工工序保持一致。

问题【2.5.42】

问题描述：

当采用土层锚杆抗浮时，未考虑土层锚杆变形较大的因素，导致其抗拔承载力取值偏高。

原因分析：

当抗浮锚杆未进入中、微风化岩时，在拔力的作用下，土体及锚杆综合变形较大，故其抗拔承载力不是由锚杆周侧土的摩擦力来确定的，而取决于变形限值对应的拔力。

应对措施：

应优先采用嵌岩锚杆进行抗浮；若中、微风化岩埋深较深，且不得不采用土层锚杆抗浮时，应控制嵌入较好持力层的最小深度（如入全，强风化岩层不少于8m）。一般来说，直径180mm的抗拔锚杆承载力特征值的取值不宜大于200kN，此外，还应通过抗拔试验加以验证。

问题【2.5.43】

问题描述：

当分析水浮力作用时，未采用抗浮锚杆、桩基与地下室相互作用的模型进行相关构件内力与变形分析。

原因分析：

设计人员对抗浮锚杆、桩基与地下室协同工作机制认识不清。在水浮力作用下，地下室底板各处竖向变形不同，导致锚杆各处受力也不同；若采用地下室刚性底板的简化分析方法，则不能得出合理的计算结果，也不能正确求得相关构件的内力。

应对措施：

对抗浮锚杆、桩基与地下室等组成的结构，分析水浮力作用下结构的内力与变形时，应采用抗浮锚杆、桩基与地下室相互作用模型进行精细化分析，从而得到较为准确的构件内力。

问题【2.5.44】

问题描述：

对基础沉降相差较大的两部分结构，未采取任何针对性加强措施。

原因分析：

对地下室与无地下室的天然基础之间、天然基础与桩基之间、持力层沉降特性相差较大的天然基础之间、不同持力层的桩基之间，未设置沉降后浇带或变形缝，也未采取其他加强措施，则可能因基础沉降不均而产生结构裂缝。

应对措施：

应对基础沉降差进行数值上的分析，以便选择合适的处理方法。若沉降差较小，则可对相关结构进行适当加强；若沉降差偏大，则宜设置沉降后浇带甚至变形缝。

问题【2.5.45】

问题描述：

对桩筏等基础，未采用合理的地基与基础相互作用模型及参数进行分析。

原因分析：

设计人员对地基与基础相互作用机理缺乏深刻的认识。较精准的地基与基础相互作用模型应是：对地基采用合适本构关系的实体元进行模拟；对地基与基础采用接触模型进行模拟，但采用精准模型较复杂，所以一般可采用简化的地基与基础相互作用模型：地基对基础的作用采用土弹簧模拟。在此模型中，若边界条件及土弹簧刚度选择不合适，将导致基础内力计算差异较大。

应对措施：

对桩筏等基础设计时，应采用合理的地基与基础相互作用计算模型，并对相关参数进行分析。选择模型与参数时，应进行充分论证和比较，包括进行参数敏感性分析，以使得所用计算模型能较精准地反映实际情况。

问题【2.5.46】

问题描述：

高层塔楼采用桩基础，如框架-核心筒结构，一般核心筒采用联合承台，框架柱采用单柱单桩基础或单柱多桩基础。设计师计算桩承载力时一般只考虑恒活作用的标准组合，遗漏了有风荷载参与的工况，造成塔楼框架柱下桩或核心筒外围桩承载力不足，造成安全隐患。

原因分析：

考虑恒活作用的标准组合下 $N_k \leqslant R$ (1)

风荷载参与的标准组合下 $N_{kmax} \leqslant 1.2R$ (2)

一般项目满足式（1）后，式（2）也容易满足，但对于高宽比较大的高层建筑或超高层建筑，式（2）可能是控制条件，容易疏漏。

应对措施：

高层塔楼桩基础设计时，应考虑恒活作用的标准组合及考虑风荷载参与的标准组合进行包络设计。特别注意高宽比较大的高层建筑或超高层建筑的基础设计。

问题【2.5.47】

问题描述：

高层塔楼采用桩基础，如框架-核心筒结构，一般核心筒采用联合承台，框架柱采用单柱单桩基础或单柱多桩基础。桩承载力设计验算桩反力当有风荷载参与的工况时，应满足风荷载参与的标准组合下 $N_{kmax} \leqslant 1.2R$，此时部分桩所需的承载力可能大于桩承载力特征值，如果按桩承载力特征值反算桩身承载力，则桩身偏于不安全。

原因分析：

计算桩身承载力时，即计算桩采用的混凝土强度等级及桩纵向钢筋时，采用单桩竖向抗压承载力特征值乘以 1.35 反算桩配筋，是不准确的。按规范的相关规定，钢筋混凝土轴心受压桩正截面受压承载力一般应符合 $N \leqslant \psi_c f_c A_{ps} + 0.9 f'_y A'_s$，式中 N 为上部结构传至桩顶的轴向压力设计值。

应对措施：

桩身承载力是按上部荷载传至桩顶的轴力计算，与桩承载力特征值不应混淆。

1）桩身承载力的计算不应按桩承载力特征值反算桩身承载力，而应根据桩受到的反力计算桩身承载力 $N \leqslant \psi_c f_c A_{ps} + 0.9 f'_y A'_s$。

2）桩承载力特征值应按 $R_a = Q_{uk}/K$ 计算。

3）验算桩反力时应满足 $N_k \leqslant R$ 及 $N_{kmax} \leqslant 1.2R$ 的要求。

式中：N——荷载效应基本组合下的桩顶轴向压力设计值；

ψ_c——基桩成桩工艺系数；

f_c——混凝土轴心抗压强度设计值；

A_{ps}——桩身截面面积；

f'_y——纵向钢筋抗压强度设计值；

A'_s——纵向主筋截面面积。

第3章 地 下 室

3.1 底板

问题【3.1.1】

问题描述：

地下室停止降水的条件未在设计文件中明确，或未针对具体项目进行验算，带来施工安全隐患。

原因分析：

停止降水时，应确保结构不会因水浮力而上浮。否则地下水位过高可能导致地下室整体或者局部上浮，主体结构受损。

应对措施：

1）应在设计图纸中交代地下室停止降水条件，并强调如果提前停止降水须征得设计单位的同意。

2）建议地下室谨慎使用超前止水后浇带，如有使用该种类型后浇带，应要求施工现场进行地下室水位监测，并重点交代施工过程中停止降水的要求。

问题【3.1.2】

问题描述：

坡地建筑非全埋地下室带来的设计问题。

原因分析：

沿用平地设计的习惯，忽略了坡地建筑常有的不平衡水土侧压力等不利荷载。

应对措施：

对带有地下室、半地下室的坡地建筑，应考虑：

1）塔楼的基础埋置深度，宜结合塔楼周边的地面及大地下室对塔楼的约束情况综合考虑。

2）建筑周边地面的高差较大时，建议优先采用独立的边坡支护，避免土体与地下室外墙接触、产生不平衡水土压力，地下室主体及支护分别受力，受力简单、传力明确，地下室构造简单，减少安全隐患。

3）当半地下室外侧有土的区域无法设置与外墙脱开的支护时，地下室结构计算时应把不平衡水土压力输入模型进行整体计算，以便综合考虑地下室外墙及框架柱受水土压力的影响。

4）同时应对地基稳定性、建筑物抗滑移和抗倾覆进行验算。地下室承受的不平衡水土侧压力，由地下室底板与持力土层间摩擦力、基础或承台侧面的被动土压力、桩的水平承载力共同承担；当地下室底板下的土质较差时，应注意验算并加强桩基础的水平承载力。

问题【3.1.3】

问题描述：

地下室与水接触的混凝土构件的裂缝宽度及保护层厚度应如何取值？

原因分析：

根据不同情况适用不同的规范要求。

应对措施：

1）对于迎水面地下室顶板、外墙和基础底板，应执行《地下工程防水技术规范》GB 50108—2008 第 4.1.7 条第 3 款的规定："迎水面钢筋保护层厚度不应小于 50mm。"

2）对于非迎水面的地下室顶板、外墙和基础底板，应执行《混凝土结构设计规范》GB 50010—2010（2015 年版）第 8.2 条的规定。当满足《混凝土结构设计规范》第 8.2.2 条的规定时，可适当减小混凝土保护层厚度，但应考虑建筑外防水材料的使用年限，且采取相应的保障措施。

3）裂缝宽度控制等级及最大裂缝宽度限值应按《混凝土结构设计规范》第 3.4.5 条执行，混凝土结构裂缝宽度一般不大于 0.2mm。对裂缝宽度无特殊外观要求的，可按《混凝土结构耐久性设计标准》GB/T 50476—2019 第 3.5.4 条，即迎水面钢筋保护层厚度按 30mm 来计算裂缝宽度。

4）《全国民用建筑工程设计技术措施——结构（混凝土结构）》（2009 版）第 2.6.5 条补充了基础构件关于裂缝控制的内容：厚度大于等于 1m 的厚板基础，可不验算裂缝宽度；其他基础构件的允许裂缝宽度可根据情况放宽至 0.4mm。上述建议可酌情参考。

5）地下室顶板设计时，框架梁计算不宜调幅，裂缝宽度可按 0.3mm 控制。

问题【3.1.4】

问题描述：

地下室底板最小配筋率应如何取值？防水板与筏板最小配筋率是否取值一样？

原因分析：

不同规范及受力情况对底板最小配筋率的要求不同，应根据实际情况分别确定。

应对措施：

1）筏板要承担地基反力，防水板仅承受水浮力，二者受力有区别，最小配筋率有所不同。

2）根据《混凝土结构设计规范》GB 50010—2010（2015 年版）第 8.5.2 条和《建筑桩基技术规范》JGJ 94—2008 第 4.2.3 条的规定，卧置于地基上的基础底板或桩基承台的最小配筋率不应小于 0.15%。

3）地下室底板为防水板时，应按《混凝土结构设计规范》GB 50010—2010（2015 年版）第 8.5.1 条的规定，受弯构件最小配筋率要求取 0.15%和 $45f_t/f_y$ 中的较大值（当采用强度等级 400MPa、500MPa 的钢筋时）。

4）根据《人民防空地下室设计规范》GB 50038—2005 第 4.11.7 条的规定，若底板或承台设计是由战时荷载控制时，最小配筋率应满足表 4.11.7 的要求；由平时荷载控制时则可适当降低，但不应小于 0.15%。

问题【3.1.5】

问题描述：

地下室底板布置采用无梁楼盖的形式（柱帽加防水板），柱帽对柱的冲切不易满足。

原因分析：

底板通常采用柱帽下翻、柱帽顶面与底板上表面平齐的无梁楼盖布置，YJK 软件对防水板只按《混凝土结构设计规范》GB 50010—2010（2015 年版）公式（6.5.1-1）进行柱帽的冲切验算，即按不配置弯起钢筋或箍筋的公式验算柱帽抗冲切承载力，冲切计算不易满足。

应对措施：

因防水板在水浮力作用下相当于无梁楼盖，当冲切计算不满足，或者柱帽需要做得很大才能满足《混凝土结构设计规范》GB 50010—2010（2015 年版）公式（6.5.1-1）时，可按《混凝土结构设计规范》公式（6.5.3-1）手动验算，并配置相应的弯起钢筋或箍筋。

问题【3.1.6】

问题描述：

地下室底板的平板式筏板，只注意验算整体冲切，忽略单边的剪切验算。

原因分析：

《建筑地基基础设计规范》GB 50007—2011 第 8.4.9 条要求平板式筏基应验算距内筒和柱边缘 h_0 处截面的受剪承载力（图 3.1.6）。

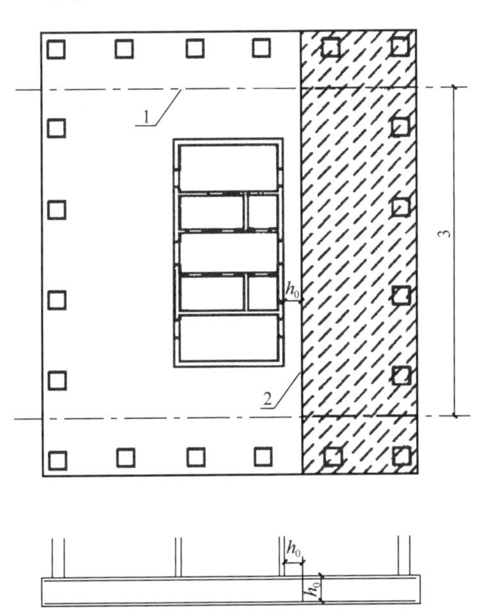

图 3.1.6　框架-核心筒下筏板受剪承载力计算截面位置

应对措施：

对柱下、核心筒下的筏板，应根据工程的具体情况，按照《建筑地基基础设计规范》GB 50007—2011 第 8.4.10 条的公式，补充单边的剪切验算。

问题【3.1.7】

问题描述：

地下室底板布置采用无梁楼盖的形式，忽略了某些情况下的底板冲切验算。

原因分析：

1）地下室底板为上、下双向受力构件，除水浮力外，还有自重及其他竖向荷载（如水池荷载等），必须按双向考虑冲切及配筋。

2）人防口部处，人防墙集中布置，当周围的地下室楼板有较大竖向荷载时，人防墙作为竖向支撑构件的竖向荷载不可忽视。

应对措施：

注意对柱（墙）边及承台边进行双向（向上和向下）的冲切验算；人防墙下的底板较薄时，应补充墙对底板的冲切验算。

问题【3.1.8】

问题描述：

当地下室底板为独立基础加防水板形式时，设计中往往容易忽略防水板的水浮力对基础的影响，独立基础只按基底反力引起的弯矩计算，若水头较高时，独立基础的弯矩设计值可能偏小，设计偏不安全。

原因分析：

基础计算时没有考虑防水板在水浮力作用下对基础弯矩增大的影响。

应对措施：

应考虑防水板在水浮力作用下对基础的影响。可在底板整体计算模型中复核基础的计算配筋。

问题【3.1.9】

问题描述：

当地下室底板下为软弱土层或回填土时，可能出现底板下土体沉降造成底板悬空的情况，结构设计中仅考虑底板在水浮力工况下的作用，未考虑底板在正常恒活荷载工况下的作用，可能会出现底板底筋或支座负筋不足。

原因分析：

缺乏考虑底板在正常恒活荷载下的验算。

应对措施：

当底板下为软弱土时，应进行水浮力及正常恒活荷载作用下的包络设计。

问题【3.1.10】

问题描述：

YJK 等软件中底板计算时不注意防水板与筏板的差别（图 3.1.10）。

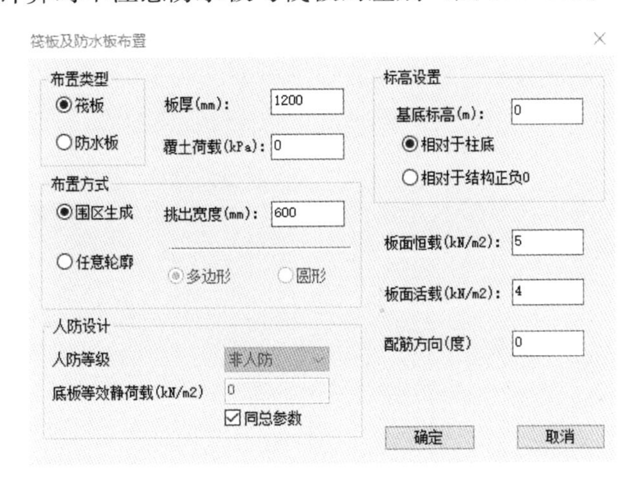

图 3.1.10　YJK 软件中选择筏板或防水板

原因分析：

设计人员对于防水板和筏板的理解不透彻，YJK 等程序计算带锚杆或抗拔桩的底板时，采用了防水板计算模式，无法正确反映整体抗浮问题。

应对措施：

采用防水板模式计算时，YJK 等程序假定柱底、墙底作为支撑防水板的不动支座，再对防水板进行有限元计算，此时是不符合锚杆或抗拔桩的实际受力情况的。故在整体建模中计算锚杆或抗拔桩的受力时，建议采用筏板模式进行整体电算。

问题【3.1.11】

问题描述：

人防区的底板，水浮力与人防荷载怎么组合？

应对措施：

1）底板采用筏板＋抗浮锚杆时，一般情况下，水浮力较大，建筑物自重小于水浮力作用。按

《人民防空地下室设计规范》GB 50038—2005 第 4.9.4 条要求，底板配筋时，人防荷载应与水浮力同时组合，此时人防荷载可以按防水板情况下取人防底板荷载；当按人防规范确定的建筑物自重大于水浮力，且地基反力按不计入浮力计算时，底板人防荷载可不与水压力组合。

2）带桩基础的防空地下室，底板配筋时应考虑水浮力作用。

问题【3.1.12】

问题描述：

底板抗压、抗浮有限元计算时，桩刚度或锚杆刚度取值不当。

原因分析：

设计人员对桩刚度及锚杆刚度取值通常采用一些指导书上给出的经验方法，这些由经验方法得出的刚度有时和实际刚度差别比较大，导致计算结果失真。

应对措施：

建议采用基本试验得出刚度，并按大小刚度区间进行包络设计，解决刚度离散性的问题。

问题【3.1.13】

问题描述：

筏板应力处理方式的选择。

原因分析：

不同的筏板应力处理方式，对应的结构安全度不一样，对应的配筋方案也不太一致（图 3.1.13）。

(1) 板元弯矩取节点最大值： YJK的有限元计算是四节点单元，每个单元有四个高斯积分点，最终得到弯矩处理到单元的四个角点位置，如果不勾选此项，每个单元最终配筋是根据四节点的 (M1+M2+M3+M4) 的平均弯矩完成的。如果勾选此项，用最大值配筋max(M1，M2，M3，M4)。

(2) 柱底峰值弯矩考虑柱宽折减： 柱集中力作用在筏板上的计算由于应力集中常造成柱底弯矩过大，软件的方式是将柱形心处的计算弯矩折减 (隐含折减0.5)，再找到柱边涉及的所有单元，对最外单元点不折减，中间部分差值折减。

(3) 筏板内变厚度区域边界的弯矩磨平处理：
当厚度差比较大时建议选择此项。选择此项变厚度位置配筋减小。

(4) 取1m范围平均弯矩计算配筋：
当承台、独立基础或筏板区域比较小时建议不选择此项。

图 3.1.13　YJK 使用说明

应对措施：

1）板元弯矩取节点最大值。依据单元尺寸选择，当单元尺寸较小（约等于板厚）时，可采用平均弯矩处理。若单元尺寸较大，应力取平均值时，单元上可能有部分位置配筋不足。

2）柱底应力值“考虑柱宽折减”可考虑勾选。

3）选择磨平处理时需慎重，注意板截面是否与磨平理论相适应。

4）仅当承台和筏板较大时考虑采用“取1m范围平均弯矩计算配筋”，建议均由设计人员判断是否进行平均及取多大范围平均。

问题【3.1.14】

问题描述：

筏板单元大小对承台配筋的影响。

应对措施：

1）由于有限元计算的原因，过大的筏板单元会造成计算结果失真，配筋用的单元尺寸不宜大于板厚的2倍，且每个承台不宜少于6×6个单元，筏板跨度方向不宜少于10个单元。

2）另外，当采用“变厚度磨平处理方案”选项时，如YJK说明书所示，A、B单元的弯矩均忽略了连接位置节点的影响，因此对于A单元弯矩取值偏小，对于B单元应力取值偏大。为了保证A单元承载力足够，应在承台边设置加腋（图3.1.14）。

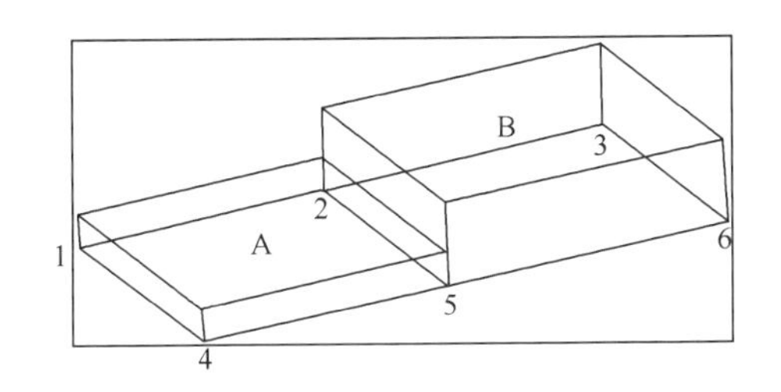

$$MX_A=\frac{1}{2}(MX_1+MX_4)$$

$$MX_B=\frac{1}{2}(MX_3+MX_6)$$

图3.1.14 筏板变厚度示意图

问题【3.1.15】

问题描述：

一般土质情况下，桩基承载力计算可否不考虑底板自重及板面荷载？若底板下方土质松软或为淤泥层时，计算模型中是否应考虑底板荷载，避免造成桩基承载力不足的问题？

原因分析：

底板下地质条件较差或者施工单位未能保护好底板以下土层不受扰动。

应对措施：

1）底板下若不是填土层或淤泥层，而是一般老土层，其地基承载力通常会大于底板自重；且上部结构未施工时，底板也先于塔楼完成沉降变形，此时承压桩计算可以不考虑底板自重及板面荷载。

2）计算模型中，底板一般可不输入板面的恒载及活载，这些荷载由底板直接传给底板下的土层。当底板下的土层（土质较差）满足不了受荷要求时，底板应输入板面的恒载及活载，此时荷载通过底板传给竖向构件再传至桩基础。或者考虑对底板以下较差的地基土进行换填。

问题【3.1.16】

问题描述：

两桩承台的配筋方式如何选择（深梁、普通梁、筏板）？梁式承台未按深受弯构件进行计算，导致承台腰筋配置不足，箍筋配置过大。

原因分析：

两桩及多桩的条形梁式承台，采用深梁计算时，承台侧筋比较大；采用普通梁计算时，对于梁的侧面筋没有要求，但箍筋比较大。需要采用适当的配筋方式，以保证安全、经济、合理。

应对措施：

一般情况下，两桩及多桩的条形梁式承台，其跨高比大多属于深受弯（或深梁）构件范围。建议根据承台的跨高比，选择采用深受弯（深梁）构件或者普通梁式构件进行计算、配筋。对属于深受弯（深梁）的承台，建议参考《混凝土结构设计规范》GB 50010—2010（2015 年版）附录 G 的相关规定进行设计、配筋。

问题【3.1.17】

问题描述：

YJK 软件用筏板模拟承台输入计算时，软件采用的是筏板的计算公式，跟承台剪切计算公式不同，可能导致对承台的冲切、剪切计算存在异常。

原因分析：

YJK 等软件对承台（特别是复杂承台）的冲剪计算分析做得还不够完善；规范对筏板和承台的剪切计算公式不同。

应对措施：

对软件计算结果比较异常的情况，按规范公式人工进行复核计算。按筏板模拟承台时，按规范承台剪切公式人工进行复核计算。

问题【3.1.18】

问题描述：

地下室底板及外墙分别计算及配筋，未考虑外墙根部弯矩对地下室底板的影响。

原因分析：

1）地下室外墙设计时常把底板视为固定支座，而底板设计时把外墙视为简支支座，底板配筋未考虑外墙根部弯矩的影响，造成底板开裂隐患。

2）地下室底板板厚较小，不符合作为外墙根部固定支座的假定；或者外墙下的底板配筋不足，底板无法平衡外墙根部的弯矩。

应对措施：

1）地下室底板与外墙连接处考虑弯矩平衡，底板配筋根据外墙根部弯矩进行复核。

2）在外墙支座处的底板底部，可设置附加纵筋，长度结合外墙及底板的跨度考虑；外墙外侧的纵筋与底板底筋按受拉搭接或锚固。

3）底板相对较薄时，可在与地下室外墙相交处局部加厚。

问题【3.1.19】

问题描述：

无地下室的建筑，首层需做结构梁板，且首层梁直接连接到承台上。建模中把首层梁板作为第一计算层输入，并给此计算层设置一个很低的层高，形成短柱，在桩基础建模过程中，由于短柱柱底弯矩大，导致同一个承台左右两边的桩反力相差比较大，容易超过桩承载力限值。

原因分析：

由于建模时要考虑首层梁板，导致出现短柱并对承台的受力产生影响，但此短柱实际是不存在的。

应对措施：

1）实际设计时采用将首层梁连接到承台上的构造，避免出现短柱。

2）计算时可考虑两个计算模型结合：基础（桩基）设计时，首层梁板不在结构上部模型里建模，而是在基础模块里作为底板建模，此时柱底弯矩应该是符合实际的；首层梁板设计时，在结构上部模型中增加首层的建模输入。

问题【3.1.20】

问题描述：

地下室底板标高相差较大时，较高标高的底板下回填土的密实度不高，导致底板与地下室外墙连接处一定范围悬空，形成薄弱部位，可能导致外墙与底板连接处的开裂及渗水。

原因分析：

由于外墙与较高的底板连接处，底板下土层脱离底板，无法对底板形成支撑，造成实际受力条件与计算模型不符，在底板与地下室外墙连接处产生了较大的附加弯矩及剪力。

应对措施：

按照底板实际情况，考虑土体脱离的情况进行计算、复核。构造上可在底板与地下室外墙连接处将底板做加腋处理，图 3.1.20 所示可供参考。

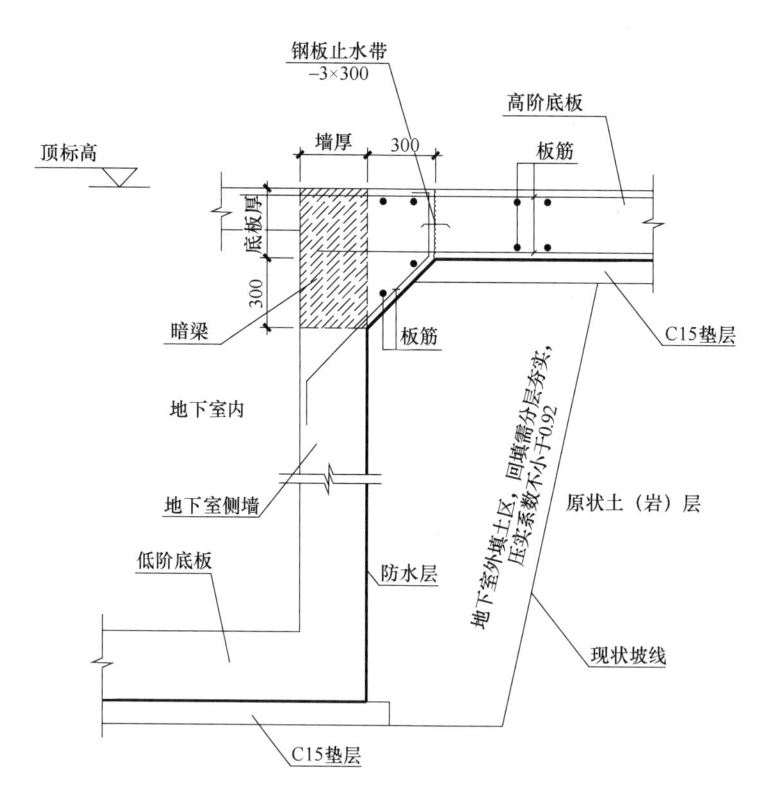

图 3.1.20　底板变标高处连接大样图

问题【3.1.21】

问题描述：

很多集水坑在基础内或与基础有交叠，施工难，造价高。

原因分析：

设备专业及建筑专业未与结构专业配合，未对设计进行梳理和优化。

应对措施：

结构专业应反提条件给设备及建筑专业，建筑专业应根据结构反提条件，优化集水坑位置，尽量避免集水坑在基础内或与基础有交叠（图 3.1.21）。采用桩基时，还应考虑减小集水坑对桩的影响。

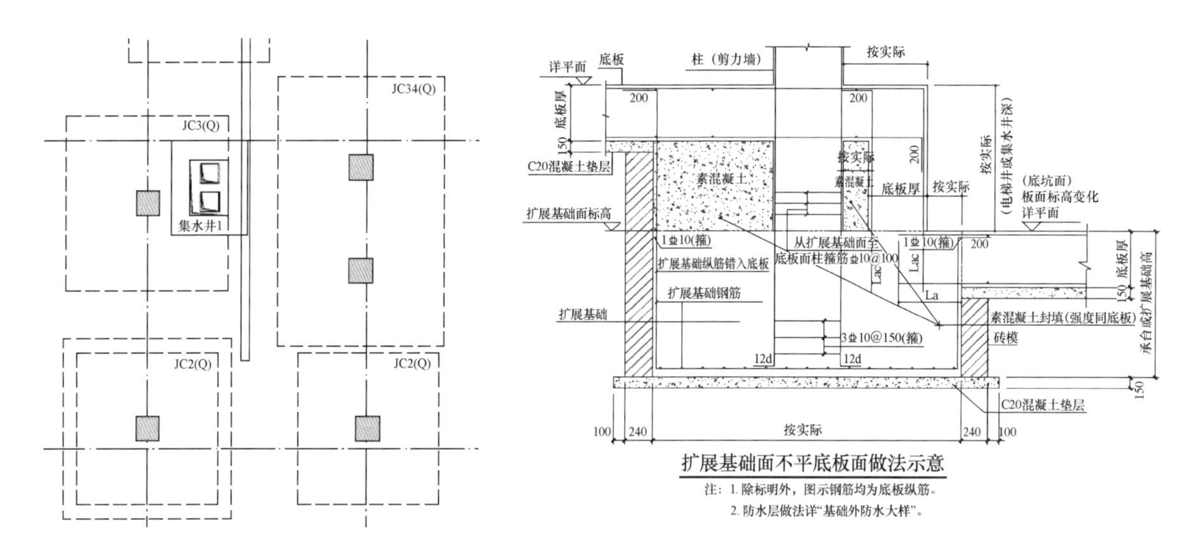

优化后：

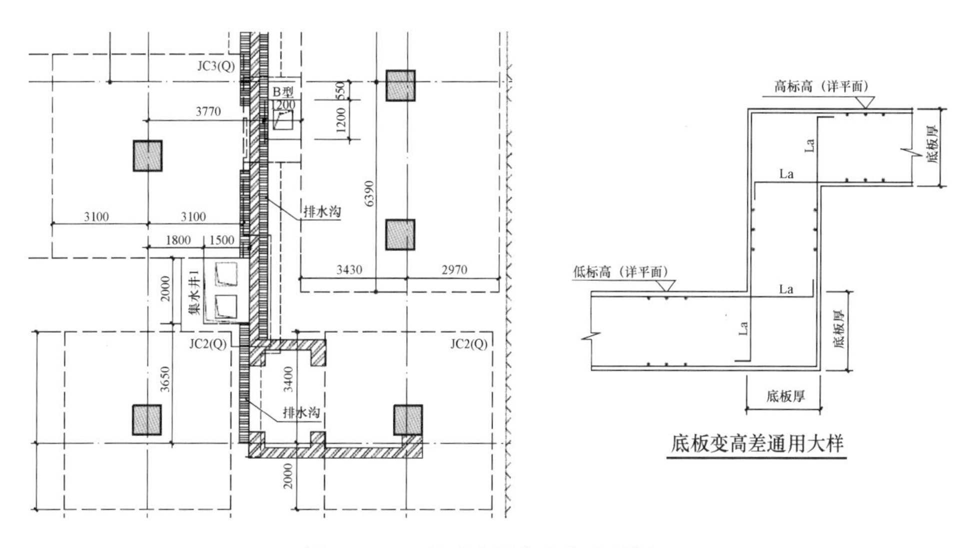

图 3.1.21　基础底板集水坑布置图

问题【3.1.22】

问题描述：

地下室底板抗浮设计时，承台作为底板的"柱帽"，计算书中显示柱帽内配筋较大，出了柱帽范围的底板配筋值较小，或为构造配筋。部分设计只加大了承台底配筋，而漏配承台与底板交界处的附加短钢筋，造成后期裂缝、渗水。

原因分析：

底板和承台按有限元分析计算时，由于单元划分等因素，承台显示的配筋较大，周边的底板配筋迅速减小，显示的数值较小，但实际上承台与底板交界处的弯矩是连续的，需考虑在变厚度处增设钢筋。

应对措施：

建议在承台和底板交界处附加短受力钢筋。

3.2　地下室楼盖

问题【3.2.1】

问题描述：

地下室楼盖消防车荷载及市政道路下的地下室顶板荷载的取值。

应对措施：

1）《建筑结构荷载规范》GB 50009—2012 表 5.1.1 中所有的活荷载，均为直接作用在楼面上的等效均布活荷载，其数值仅可用于相对应的楼面板构件的设计计算。而用于楼面梁、柱、墙计算（程序整体计算）时，需按《建筑结构荷载规范》GB 50009—2012 第 5.1.2 条的要求进行折减；当楼面上有覆土或其他填充物时，应根据覆土实际厚度进行折减。广东省标准《建筑结构荷载规范》DBJ 15—101—2014 中有详细的规定。

2）消防车荷载应与建筑及消防主管部门沟通后，确认消防车吨位，并于图纸上注明。

3）市政道路下的地下室顶板荷载，不应按普通地下室停车库荷载输入，而应考虑市政道路大型货车、消防车等的通行荷载。

问题【3.2.2】

问题描述：

地下室顶板覆土荷载在局部区域考虑不足；消防车荷载未能覆盖消防车道及登高面的全部范围。

原因分析：

地下室顶板经常有多种标高，覆土厚度相应也随之变化，结构计算荷载未能与各个区域的覆土厚度匹配；消防车道及消防登高面判别不准确。

应对措施：

建议在结构的顶板等相关图纸中，绘制出覆土厚度及其范围、消防车道范围，避免算错覆土厚度，或者遗漏消防车荷载。

问题【3.2.3】

问题描述：

地下室顶板采用无梁楼盖时，未注明最大使用荷载或覆土厚度，施工过程中由于局部位置堆载过大，容易产生安全问题。特别是采用无梁楼盖的地下室顶板，发生过较多的坍塌事故。

原因分析：

无梁楼盖的承载能力对较大的不平衡荷载较为敏感，应在设计中明确荷载条件、施工注意事项等。

应对措施：

地下室顶板采用无梁楼盖时，应在施工图中注明楼盖最大使用荷载限值及覆土厚度限值；施工过程中还应限制施工车辆的荷载及行驶范围。

问题【3.2.4】

问题描述：

地下室人防范围的楼板或地下室顶板，如果采用框梁大板或加腋大板的形式，计算框梁配筋时，板单元指定为刚性板或弹性板是否有区别?

原因分析：

1）人防楼板的构造要求比较高，为了充分利用人防楼板的板钢筋强度，可以采用框梁大板的形式。但应注意，如果指定板单元为弹性板，板具有平面外的刚度，有一部分荷载会直接传到柱子上，梁的计算配筋比较小。

2）跟刚性楼板的计算结果相比，指定为弹性楼板时，框架梁计算配筋减少的幅度跟板厚相关，楼板越厚，面外刚度越大，直接传递到柱子上的荷载就越多，框架梁的计算配筋越小。

应对措施：

计算框梁配筋时，板单元可采用刚性板，对梁的计算结果是偏于安全的。计算板配筋时，在板施工图模块里可选用一般简化算法或者有限元算法。

问题【3.2.5】

问题描述：

不规则柱网体系、塔楼嵌固端等不宜采用无梁楼盖；地下室采用无梁楼盖时的注意事项。

原因分析：

为了节约空间、减少开挖量，盲目采用无梁楼盖体系。

应对措施：

1）柱网不规则位置，受力复杂，传力途径不直接，不平衡弯矩较大，不宜采用无梁楼盖体系。

2）地下室顶板作为嵌固端，在塔楼相关范围不宜采用无梁楼盖体系。

3）若无法避免采用无梁楼盖体系时，建议设置暗梁。

4）无梁楼盖的柱帽不建议做上翻的形式。

5）柱边抗冲切验算和柱帽边抗冲切验算，应留有适当富余。

6）跨度相差较大时，应充分考虑柱帽两侧不平衡弯矩导致的剪力，加强柱帽配筋及验算。

7）特殊情况下，塔楼相关范围采用带柱帽的无梁楼盖时，板厚不应小于板跨的 1/25 和 400mm，并设置暗梁，详见广东省《高层建筑混凝土结构技术规程》DBJ 15—92—2013 第 3.6.1

条的条文说明。

8）顶板采用无梁楼盖时，图纸上应标明施工安全措施。

9）顶板采用无梁楼盖时，设计图纸建议请行业专家进行评审。

10）人防地下室采用无梁楼盖形式，且为人防荷载组合工况控制时，纵向受力钢筋宜参考《人民防空地下室设计规范》GB 50038—2005 附录 D，满足配筋率不小于 0.3%的要求。

问题【3.2.6】

问题描述：

地下室顶板与塔楼部分由于覆土等原因高差较大，未按错层结构计算或采取相应措施。

原因分析：

地下室顶板通常有绿化树木，覆土较厚，而塔楼入口大堂不需要覆土。因此地下室顶板与塔楼部分产生较大高差，水平力无法通过楼板直接传递，会在塔楼外周墙柱中产生较大的剪力。

应对措施：

1）当地下室顶板作为上部结构的嵌固端，地下室顶板与塔楼部分存在的高差较大时，宜采用地下室顶板梁加腋或设斜坡板等措施，消除错层因素，以保证地震等水平作用通过梁板有效传递。

2）根据广东省《高层建筑混凝土结构技术规程》DBJ 15—92—2013 第 11.4.1 条的条文说明，高层建筑的地下室顶板室外区域因覆土造成塔楼室内外楼板有高差不属于错层结构，但这些错层构件应按第 11.4 条的规范要求进行设计，如第 11.4.4 条要求错层处柱箍筋应全柱段加密且抗震等级应提高一级。

3）根据广东省《高层建筑混凝土结构技术规程》DBJ 15—92—2013 第 11.4.3 条的条文说明，为保证结构分析的可靠性，结构模型宜分层计算。

问题【3.2.7】

问题描述：

基坑支护结构与主体结构冲突，例如内支撑立柱与主体结构竖向构件冲突。

原因分析：

主体结构的竖向构件布置等未在基坑支护设计时准确地体现和给予考虑，结构设计和基坑设计在设计过程中未进行有效配合。

应对措施：

1）结构设计及时提交结构布置图供基坑支护设计进行考虑，并充分沟通。

2）结构设计时，应考虑并明确支护的立柱与主体结构梁板交界位置的节点做法；应提前考虑内支撑拆除方案对主体结构受力的影响。

问题【3.2.8】

问题描述：

地下室顶板通常荷载较大，当采用单向双次梁或者井字梁时，主梁的箍筋通常在支座端至第一根次梁这一段较长范围内的计算值较大，此时若按平法图集默认的箍筋配筋间距100/200（加密区/非加密区）设计，因为默认的梁箍筋加密区长度段比较短，导致箍筋非加密区的部分长度段内箍筋配置不满足计算要求（图3.2.8-1）。

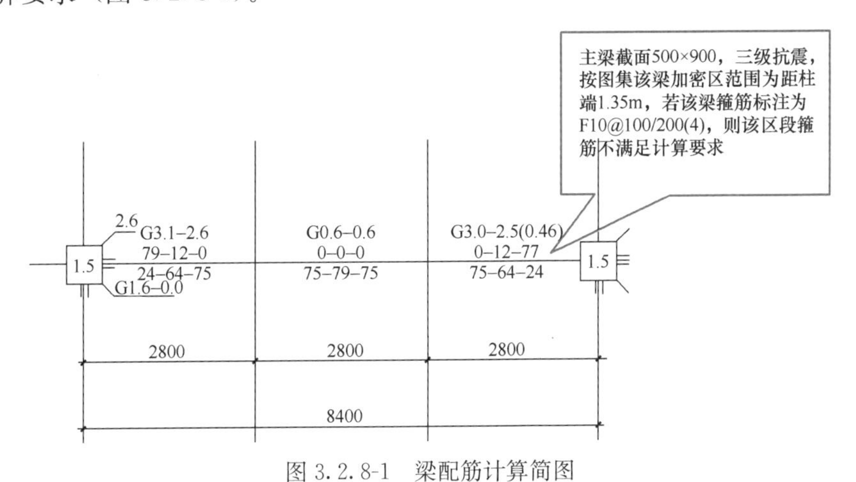

图3.2.8-1 梁配筋计算简图

原因分析：

梁箍筋的设置未跟梁的实际剪力分布相匹配。

应对措施：

采用双次梁或者井字梁楼盖时，注意检查梁箍筋的计算值及其沿梁长度的变化，确保梁端部相应长度范围内的箍筋都能满足计算要求（图3.2.8-2）。

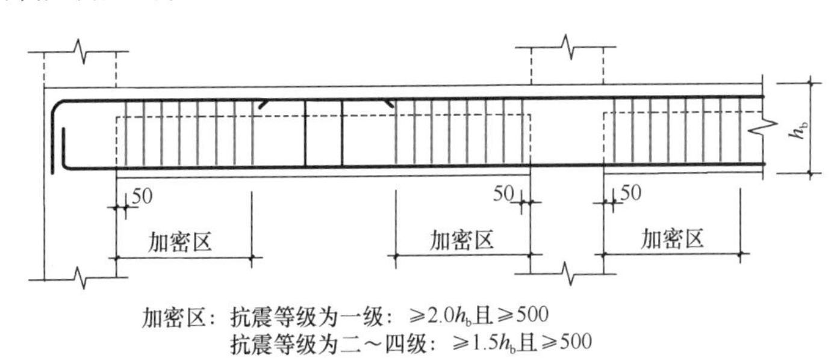

图3.2.8-2 梁箍筋加密区范围布置图

问题【3.2.9】

问题描述：

设计汽车坡道时，坡道入口处易忽略上方结构净高，导致不满足建筑使用要求。

原因分析：

建筑和结构坡道详图未真实反映结构梁板高度及厚度，导致图中坡道净高与实际不符。

应对措施：

1）坡道入口净高一般要求 2.20～2.40m（具体以建筑要求为准），在剖面图中确认该处实际净高。

2）一般坡道入口处的梁都需要上反，同时根据坡道坡度的具体情况决定共需要上反几道梁。

3）设计人员应结合地下室结构平面布置图，认真核对建筑坡道剖面图中结构梁板位置及截面是否正确，并按实际尺寸作图。

问题【3.2.10】

问题描述：

地下室顶板作为上部结构的嵌固部位时，设计未能满足构造及加强措施等要求。

原因分析：

设计人员对规范不够熟悉，未严格按照规范进行设计。

应对措施：

对于嵌固部位，主要是《建筑抗震设计规范》GB 50011—2010（2016 年版）第 6.1.14 条的相关要求：

1）地下室顶板应避免开设大洞口；地下室在地上结构相关范围的顶板应采用现浇梁板结构，相关范围以外的地下室顶板宜采用现浇梁板结构；其楼板厚度不宜小于 180mm，混凝土强度等级不宜小于 C30，应采用双层双向配筋，且每层每个方向的配筋率不宜小于 0.25%。

2）结构地上一层的侧向刚度，不宜大于相关范围地下一层侧向刚度的 0.5 倍；地下室周边宜有与其顶板相连的抗震墙。

3）地下室顶板对应于地上框架柱的梁柱节点除应满足抗震计算要求外，尚应符合下列规定之一：

① 地下一层柱截面每侧纵向钢筋不应小于地上一层柱对应纵向钢筋的 1.1 倍，且地下一层柱上端和节点左右梁端实配的抗震受弯承载力之和应大于地上一层柱下端实配的抗震受弯承载力的 1.3 倍。

② 地下一层梁刚度较大时，柱截面每侧的纵向钢筋面积应大于地上一层对应柱每侧纵向钢筋面积的 1.1 倍；同时梁端顶面和底面的纵向钢筋面积均应比计算增大 10% 以上。

4）地下一层抗震墙墙肢端部边缘构件纵向钢筋的截面面积，不应少于地上一层对应墙肢端部边缘构件纵向钢筋的截面面积。

建议项目施工图设计前，设计人员逐一检查并确认上述相关要求。如果对地上的柱配筋进行了修改调整，须注意相应调整地下一层的柱配筋。

问题【3.2.11】

问题描述：

对于地下室顶板，采用加腋板体系，板厚不小于250mm，楼板是否可以按弹性板？另外YJK控制信息中是否可以点选“梁与弹性板变形协调”的相关参数？YJK微课堂中推荐点选该参数，楼板定义为弹性板6，梁配筋按实际计算配筋，板配筋按板施工模块采用有限元算法并考虑梁弹性变形后的结果放大1.1倍进行配筋，该种方式计算梁配筋结果比按刚性板小50%左右，这种处理方式是否安全可行？

应对措施：

加腋梁板结构采用弹性板6和梁与弹性板变形协调的计算模式更接近于实际工程，但同时需要对楼板按整体有限元进行计算及配筋，并加强对梁与板的复核、校核及验证。

对于“板配筋按板施工模块采用有限元算法并考虑梁弹性变形后的结果放大1.1倍进行配筋”，初步验证可能并不能包络所有柱网楼板的整体有限元计算结果，建议进一步验证复核。

问题【3.2.12】

问题描述：

结构设计总说明中，注明了地下室的塔楼相关范围内外采用不同的抗震等级，但在各平面图上未明确塔楼的相关范围，无法指导施工。

原因分析：

图纸表达不够具体。

应对措施：

建议在相应的平面图上，标明塔楼相关范围的具体区域及其抗震等级。

问题【3.2.13】

问题描述：

型钢混凝土柱，钢柱脚设在地下室楼板面处，节点构造为铰接，且未设抗剪键，型钢无锚固段。

原因分析：

忽视了钢柱需要一定的锚固长度；与电算时型钢柱的刚接节点不符；抗剪键对底板纵筋有影响，嫌处理构造麻烦。

应对措施：

建议型钢延伸至电算所需楼层的下一层的柱中点（接近柱的反弯点）附近，或至少下延至下一层的梁柱节点区内且不小于钢柱截面高度的2.5倍（H形实腹钢柱）、3倍（箱形或钢管截面），参见《建筑抗震设计规范》GB 50011—2010（2016年版）第9.2.16条的要求。

问题【3.2.14】

问题描述：

《地下工程防水技术规范》GB 50108—2008第4.1.7条规定，防水构件厚度不应小于250mm。

原因分析：

实际工程中，地下室顶板往往难以满足这个厚度。

应对措施：

地下室顶板从结构构造措施的角度是不要求做这么厚的。从防水的角度，地下室顶板做好柔性防水层且有可靠的排水措施时，结构板厚是否可适当减少，建议具体项目研究沟通确定。《深圳市建设工程防水技术标准》SJG 19—2019第8.1.3条要求的地下室顶板厚度为不应小于200mm。

问题【3.2.15】

问题描述：

消防车道位置的梁计算配筋量异常大甚至超筋。

原因分析：

可能是消防荷载工况与平时活荷载工况叠加设计了。

应对措施：

消防车荷载工况需要在自定义工况组合表设置成跟平时活荷载工况包络设计（图3.2.15）。同时，板与梁的等效荷载不同，梁可按集中荷载不利布置方式进行补充计算。

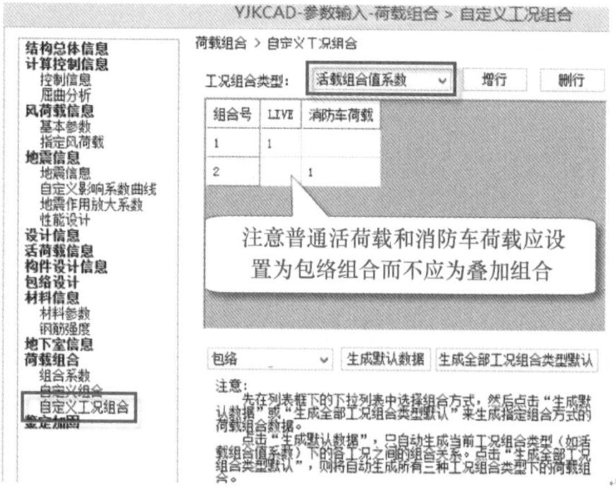

图3.2.15 YJK关于消防车荷载组合的说明

问题【3.2.16】

问题描述：

无地下室时，是否需要设置结构楼板。

应对措施：

地面下土体完成自重固结无后续沉降、填土可以保证质量、使用阶段无严格的沉降要求时，可不设结构楼板，由建筑专业设置建筑地面。

问题【3.2.17】

问题描述：

地下室顶板通常由于荷载较大的原因，梁支座处面筋计算面积较大，如遇多梁非正交角度交汇于柱处，会使过多梁钢筋在柱内弯折锚固，造成节点处柱内钢筋密集，混凝土浇筑困难，梁柱节点质量难以保证。

原因分析：

设计时未考虑施工因素。

应对措施：

优化梁布置，尽量避免出现此类情况；当无法避免时，梁面筋尽量采用大直径钢筋，减少钢筋根数；在多梁非正交角度交汇处考虑增设柱帽（图3.2.17），梁纵筋尽量直锚，避免梁纵筋都在柱内弯折锚固。

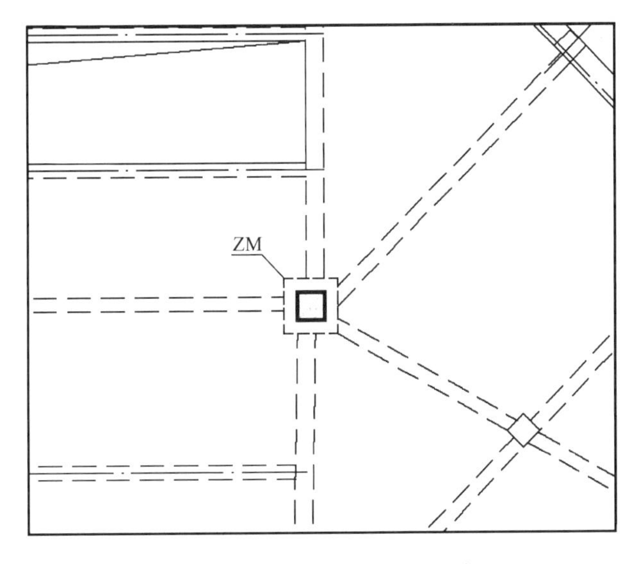

图3.2.17　柱顶增设柱帽示意

问题【3.2.18】

问题描述：

地下室坡道转弯处为扇形展开，外径处板标高比内径处高，而建筑坡道剖面图通常以坡道中线作为剖切面，此时剖面图表示的是转弯处中点板标高，外径高点处坡道净高容易忽视（图3.2.18）。

原因分析：

图纸传统表达方式的限制，缺失垂直方向的信息。

应对措施：

应与建筑专业复核外径处梁下净高，必要时需采用三维建模软件复核。

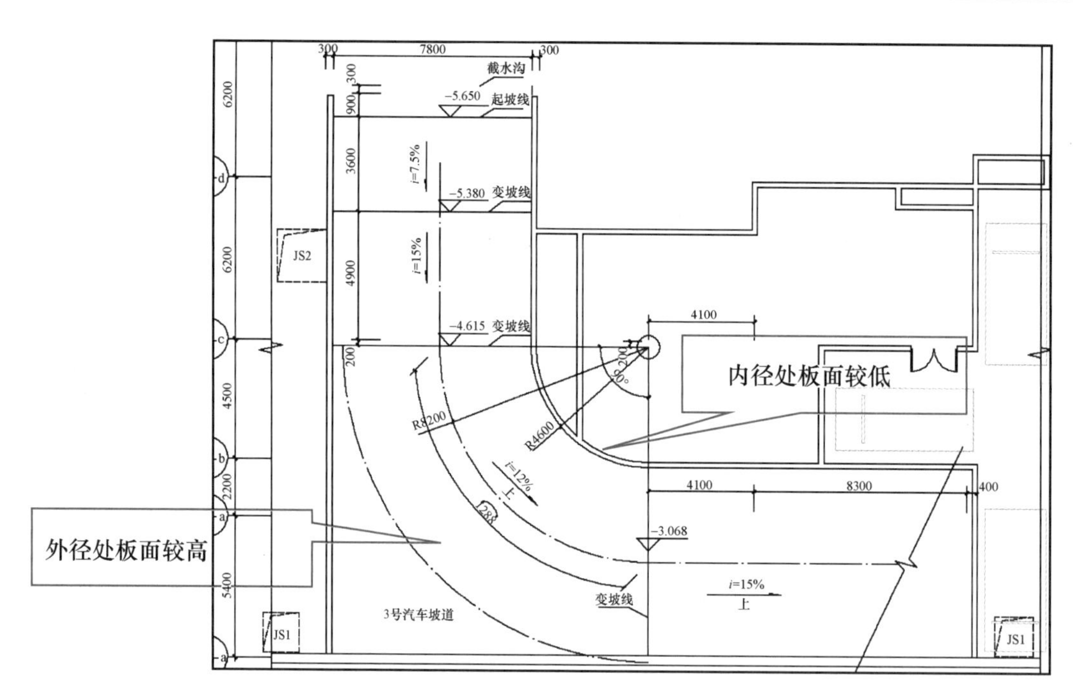

图 3.2.18 坡道转弯处示意

3.3 外墙及人防墙

问题【3.3.1】

问题描述：

地下室坡道设置在地下室外墙侧时，该部位地下室外墙的受力支撑点应与普通位置不同，外墙支撑点从楼层板变为坡道板；而坡道本身除了按正常的坡道平面外的面荷载计算外，还要计算由于支撑外墙土推力产生的坡道平面内的受力，此时坡道是一个横向放置的梁，梁高为坡道宽，梁宽为坡道厚，梁跨度为楼层间坡道顶与坡道底的距离。

一层地下室由于土推力较小，平面内的内力较小，问题并不明显；但多层地下室时，随着土推力的增加，坡道平面内的内力会逐层增加，该问题会较为突出。

应对措施：

按照结构的实际受力情况，采取合适的计算模型，对该部位相关的结构进行补充验算和分析，并相应加强配筋。

问题【3.3.2】

问题描述：

防空地下室墙（板）类构件两层钢筋间设置拉钩因钢筋间距不合模数而出现斜拉钩。

原因分析：

墙板内外荷载不同，按计算结果，内外侧的配筋不一致，设置拉钩时未进行调整。

应对措施：

建议调整构件两侧的钢筋间距使其符合某个模数，拉钩的间距设置兼顾两侧的钢筋间距。

问题【3.3.3】

问题描述：

对于地下室外墙，普通做法是在楼面处设置暗梁，而现在有观点认为只需放置几根加强纵筋即可，而无需设置暗梁。当边跨跨度小于一定值时是否可以只加强纵筋不设置暗梁？

原因分析：

当梁搭在地下室外墙上时，外墙受到平面外的弯矩，暗梁能起到的作用不太明确。

应对措施：

建议可以不设置暗梁，但在支承跨度大的梁或者受力大的梁位置，宜设暗柱或扶壁柱。设置暗柱或扶壁柱可以承担梁端对外墙的面外弯矩，改善地下室外墙的应力分布，避免外墙的局部开裂。

问题【3.3.4】

问题描述：

对于多层地下室，人防地下室未设置在最底层，地下室各层未做封堵，下部各层竖向构件未考虑人防荷载。

原因分析：

未能充分理解人防地下室的防护原则。

应对措施：

首先对多层地下室的人防宜布置在多层地下室的最下面一层，这样经济性更好。如确实不能设置在地下室的最下面一层时，对于多层地下室结构，当人防地下室未设在最下层时，要求在临战时对人防地下室以下各层采取封堵加固措施，确保空气冲击波不进入以下各层；否则人防地下室底板及人防地下室以下各层中间墙柱都要考虑人防荷载作用，并且以下各层墙柱应满足人防构件的配筋率要求，较为浪费。

问题【3.3.5】

问题描述：

部分地下室外墙局部有转折时，未配桩基础，外墙受力复杂，容易造成裂缝、渗水。如

图 3.3.5所示，某工程地下室外墙转角处未布桩和承台。

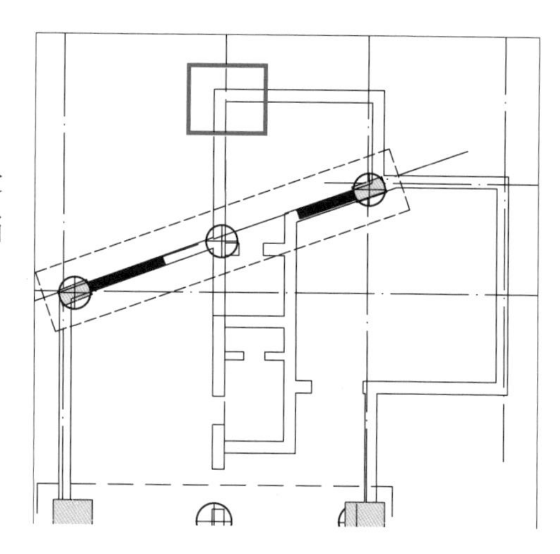

图 3.3.5　局部地下室外墙与桩基布置图

原因分析：

设计人员认为地下室挡土外墙为深梁，刚度较大，受力没有问题。但是在转角处不设置桩（支点），会导致挡土外墙受力复杂，容易出现裂缝。

应对措施：

调整桩布置，在转角处补充桩基础和承台。

问题【3.3.6】

问题描述：

地下室二层范围小于地下一层范围时，地下二层的外墙设计按常规单向板（地下一层及地下二层地面为支承边）进行计算，未考虑施工过程对侧壁计算模型的影响。

原因分析：

这种情况下，地下二层的外墙施工完毕，一般会先回填负二层外墙外侧的土（此时地下二层外墙受力为悬臂墙），然后再施工负二层外墙内侧及外侧的负一层地面楼板（此时地下二层外墙受力为两边支承的单向板）。

应对措施：

这种情况下外墙计算时应考虑施工过程的影响，按照施工的实际顺序采取不同的计算模型进行包络设计，同时在施工图纸中对施工顺序做出相应要求。

问题【3.3.7】

问题描述：

当采用筏形基础时，地下室墙体钢筋直径不满足《建筑地基基础设计规范》GB 50007—2011 第 8.4.5 条对钢筋直径的要求：水平钢筋的直径不应小于 12mm，竖向钢筋的直径不应小于 10mm。

原因分析：

对规范条文不熟悉，按习惯进行地下室墙体配筋，尤其内墙常按照构造钢筋配置。当基础形式为筏形基础时，导致地下室墙体配筋不满足规范要求。

应对措施：

设计人员应注意地下室部分的基础形式，当采用筏形基础时，地下室剪力墙水平钢筋直径不应小于 12mm，竖向钢筋的直径不应小于 10mm；非筏形基础的地下室剪力墙可不按此要求。

问题【3.3.8】

问题描述：

地下室外墙厚度为600mm、800mm厚时，中间是否需要按剪力墙设置钢筋？

原因分析：

地下室外墙一般在面内的水平力较小，面外受弯为主，而塔楼剪力墙主要承担面内的水平力及弯矩。

应对措施：

地下室外墙受力钢筋一般为两侧钢筋，中间不需要配筋；而塔楼的剪力墙厚度较大时，应在中部配置钢筋。

问题【3.3.9】

问题描述：

地下室外墙附加钢筋与拉通钢筋按两排钢筋分开示意（图3.3.9），有时候施工现场理解成要分两排摆放。

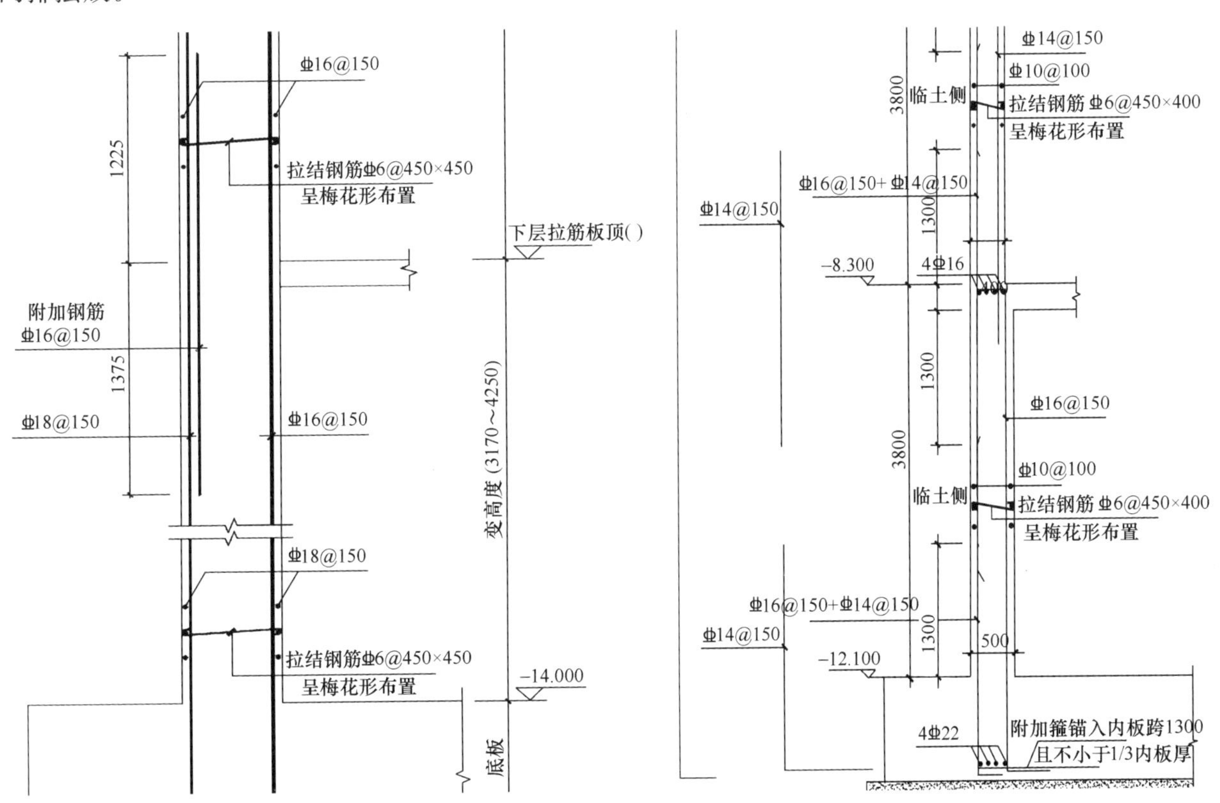

图3.3.9　地下室外墙钢筋布置图

原因分析：

施工单位看图时易产生歧义。

应对措施：

1）纵向剖面中，支座附加钢筋与通长钢筋重叠表达，示意出附加钢筋的钢筋断点，然后在一侧补充示意钢筋放样。

2）或者在地下室外墙说明中，补充说明：拉通钢筋与附加钢筋交错布置在同一排，详图中分开表达仅为示意，并非两排布置。并在施工交底时强调清楚。

问题【3.3.10】

问题描述：

地下室模型分析时，人防墙未建入模型，造成部分人防墙处底板、顶板和梁计算分析结果不准确，造成安全隐患。

原因分析：

计算模型与实际情况不符。部分人防墙刚度大，会影响荷载在上、下部楼层内的传递和协调，影响水浮力作用下底板的内力传递，改变底板的受力状态。

应对措施：

可将对结构受力影响较大的人防墙输入模型中计算，根据计算结果配置人防顶板及其梁钢筋；同时注意判别人防墙可否作为底板在水浮力作用下的支座，必要时按照有、无人防墙支座进行复核、包络。

问题【3.3.11】

问题描述：

多层地下室，在人防墙与地下室外墙交接处（图3.3.11），外墙出现开裂渗水。

原因分析：

地下室外墙一般按在楼面有支点的竖向连续单向板计算，未考虑地下室外墙在内墙的支撑作用下形成双向受力。由于水平方向仅为构造配筋，导致外墙水平方向抗弯、抗裂不足。

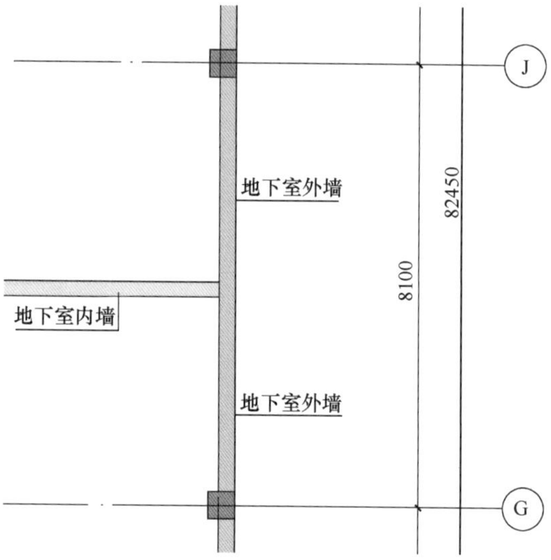

图3.3.11　地下室外墙局部平面图

应对措施：

地下室外墙注意按实际支撑情况进行分析，当垂直于地下室外墙的墙体较多、较密时，地下室外墙的计算模型宜按双向板考虑。

问题【3.3.12】

问题描述：

地下室外墙当层高较大时（局部设备层），外墙较厚，外墙厚度大于基础底板（防水板），外墙计算时未考虑基础底板的刚度影响。

原因分析：

未注意地下室外墙特殊部位的情况。

应对措施：

1）外墙计算简图底部边界条件不能按固端处理，应考虑基础底板的刚度影响。

2）也可以加厚局部底板或可以将基础底板做变截面加腋板以增加对外墙的约束刚度。

问题【3.3.13】

问题描述：

一般地下室外墙配筋计算，对水压力只选取按设防水位这一种工况进行设计。但当地下室侧壁的跨度出现较大变化时，例如在地下室二层标高处没有楼板支撑时，地下室侧壁出现两层通高的情况，按设防水位一种工况进行设计是不是能包络所有情况？

原因分析：

地下室侧壁的计算简图一般为多跨连续梁，因此需要考虑活荷载不利布置。例如：三层地下室，地下三层至地下一层层高分别为4.0m、3.9m、3.9m；由于楼板开洞的原因，在地下二层无楼板支撑，计算简图为两跨连续梁，跨度为7.9m、3.9m，分别按照地下水位在−0.5m处和地下水位在−3.9m处两种情况进行计算。结果显示第二种情况下，地下二层至地下三层地下室外墙内侧弯矩比第一种情况大。

应对措施：

考虑到水压力类似于活载的性质，注意其不利布置，按照不同水位标高进行地下室外墙计算，取弯矩包络进行配筋。

问题【3.3.14】

问题描述：

部分项目地下室外墙按四边支承的双向板计算，地下室壁柱作为支承边，但壁柱设计时未考虑其承受的水平作用，存在不安全因素。

应对措施：

地下室外墙按双向板模型计算时，应复核作为地下室外墙侧向支承的地下室壁柱的截面及配筋。

问题【3.3.15】

问题描述：

部分地下室挡土外墙水平钢筋配筋较小，按构造钢筋考虑，在转角处配筋未考虑水平筋加强，容易造成转角墙处裂缝。

原因分析：

地下室侧壁计算模型一般以上、下楼面板为支座，按竖向上的连续梁计算，未考虑外墙沿水平方向在转角处存在面外支撑，相当于转角处在水平向提供了一个面外支座，容易在此产生裂缝。

应对措施：

建议外墙转角处增加水平附加受力钢筋，必要时对此处进行补充计算并相应配筋。

问题【3.3.16】

问题描述：

地下室侧壁的计算高度一般按地下室自然层层高确定，未考虑各种实际情况（如顶板或各层楼板开大洞、外墙靠着汽车坡道及楼梯、底板局部下沉等），偏于不安全。

原因分析：

对外墙的受力及边界条件，未按照其实际情况建立对应的计算简图，导致计算模型和实际不符。

应对措施：

1）由于楼板开大洞造成地下室侧壁在该楼层位置无有效支撑时，按实际模型对地下室侧壁进行计算分析；另外，对于类似图 3.3.16-1 中“外墙 2”的状况，应同时分析地下室侧壁、相邻框架柱以及相连接的框架梁的受力状况。

2）地下室外墙侧有局部下沉，或局部有吸水槽等变化时，应注意调整该处的地下室外墙计算跨度。

3）地下室坡道紧挨地下室外墙设置时（图 3.3.16-2），地下室外墙的计算跨度可将坡道板的位置作为支点（坡道板需具有足够的刚度和侧向承载力）；车道顶无楼板时，应按悬臂跨计算。

4）坡道处的挡土墙要表达清楚，外墙

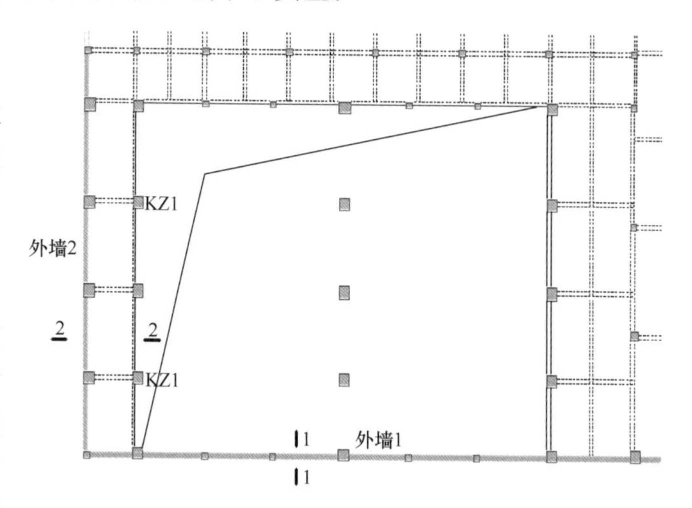

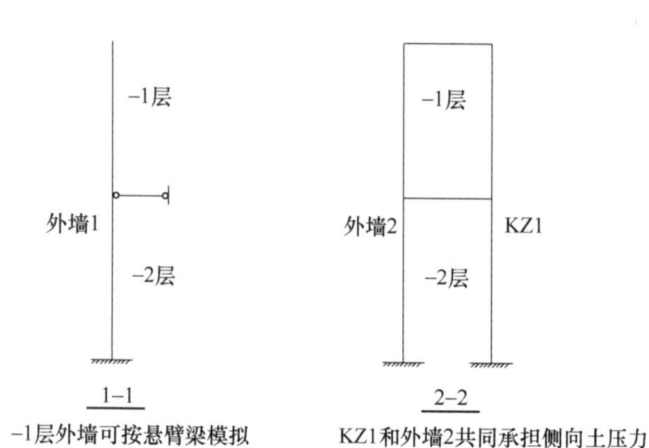

图 3.3.16-1　框架平面及外墙计算简图

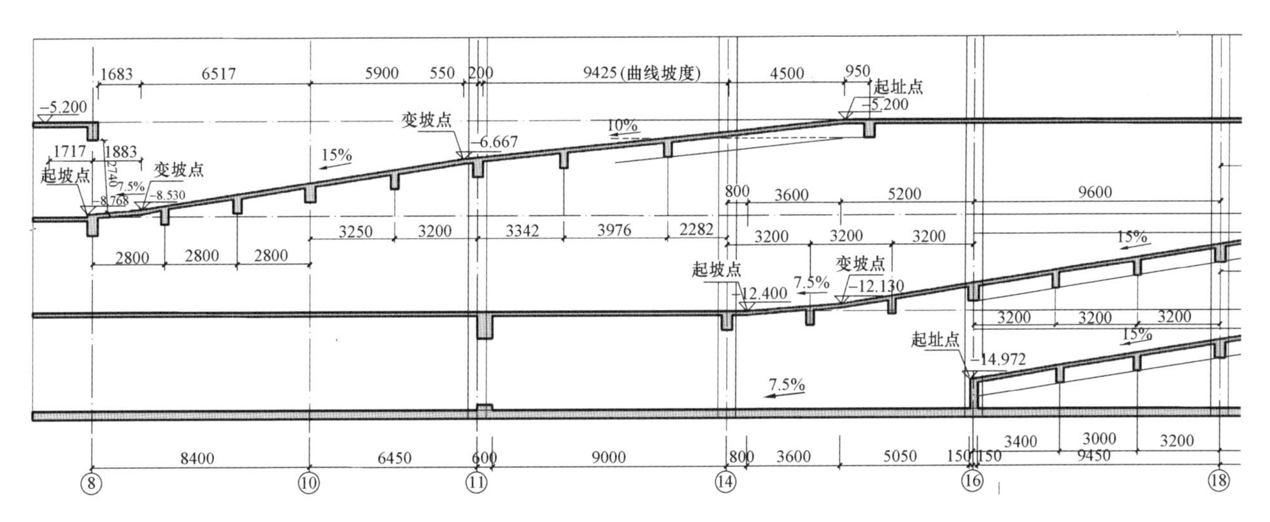

图 3.3.16-2 地下室坡道剖面图

与坡道板的连接关系要标明。挡土外墙应根据实际支撑方式（如悬臂挡土、一端固定一端铰支等）分别计算配筋；坡道侧面的挡土墙厚度宜不小于 250mm；有悬臂挡墙情况且高度相差较大时宜分段配筋。

5）当外墙内侧的支承构件刚度有限，不能作为刚性支撑点考虑时，按弹性构件和外墙进行整体分析，共同抵抗侧向的土水压力，进行外墙和支承构件的分析与设计，并复核构件的变形。

问题【3.3.17】

问题描述：

多层地下室主要出入口的楼梯间与人防单元之间的隔墙、非人防核心筒电梯井与人防单元之间隔墙，被误认为人防单元与普通地下室之间的内隔墙。

原因分析：

上述部位的人防墙未直接对外暴露于空气中，多层地下室往往会穿越几层才通向室外，故被误认为人防单元与普通地下室之间的内隔墙。

应对措施：

《人民防空地下室设计规范》GB 50038—2005 对临空墙的定义为一侧直接受空气冲击波作用，另一侧为防空地下室内部的墙体。上述部位作为人防设计主要的涉及安全的部位应按人防临空墙进行设计。

问题【3.3.18】

问题描述：

未考虑地下室外墙处较大的设备吊装孔采用预制楼板时对外墙的影响（图 3.3.18）。

原因分析：

设备吊装孔较大（宽度可能是一跨）且封口采用预制盖板时，不能作为地下室外墙的有效水平支撑。

应对措施：

考虑此范围的预制盖板对外墙没有支撑作用，地下室外墙计算时取相应的计算模型。

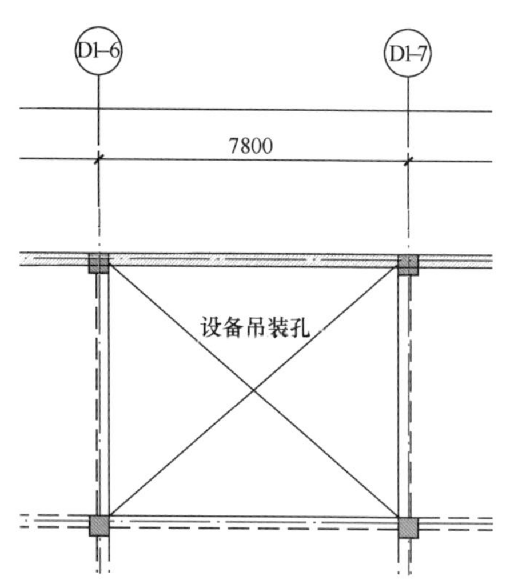

图 3.3.18　设备吊装孔平面布置图

第4章　上　部　结　构

4.1　体系选择

问题【4.1.1】

问题描述：

按抗震设计时，框架结构中部分结构采用砌体承重，如楼、电梯间及出屋面的楼电梯机房和水箱间等采用砌体承重墙。

原因分析：

设计者也许不理解框架结构和砌体结构是两种截然不同的结构体系，这两种结构在同一建筑物中混合使用，其抗侧刚度、变形能力等相差很大，结构抗震设计难以估计结构的地震反应，对建筑物的抗震性能将产生很不利的影响，甚至可能造成严重破坏。

应对措施：

结构体系应具有明确的计算简图和合理的地震作用传递途径，所以《高层建筑混凝土结构技术规程》JGJ 3—2010 第 6.1.6 条规定，框架结构按抗震设计时，不应部分采用砌体墙承重。框架结构中的楼、电梯间及出屋面的楼电梯机房和水箱间等，应采用框架承重。

问题【4.1.2】

问题描述：

框架-剪力墙结构当框架部分承受的地震倾覆力矩大于结构总地震倾覆力矩的 50%时，框架部分的抗震等级和轴压比未按框架结构的规定采用。

应对措施：

框架-剪力墙结构由框架和剪力墙两部分组成，其框架占比每个建筑都不一样，所以在规定水平力作用下，结构底层框架部分承担的地震倾覆力矩与结构总地震倾覆力矩的比值也不相同，在结构设计时，依据框架和剪力墙倾覆力矩的占比确定框架-剪力墙结构的适用高度和构造措施等。框架-剪力墙结构，当框架部分承受的地震倾覆力矩大于结构总地震倾覆力矩的 50%但不大于 80%时，意味着结构中剪力墙的数量偏少，框架承担较多的地震作用，所以框架部分的抗震等级和轴压比宜按框架结构的规定执行，其最大适用高度不宜再按框架-剪力墙结构确定，其最大适用高度可比框架结构适当增加；而当框架部分承受的地震倾覆力矩大于结构总地震倾覆力矩的 80%时，框架部分的抗震等级和轴压比按框架结构的规定执行，其最大适用高度宜按框架结构采用。

问题【4.1.3】

问题描述：

抗震设防地区高层建筑，框支层以上竖向构件全部为剪力墙，框支层以下因建筑功能要求竖向构件全部为框支柱，但转换层上、下结构侧向侧度比可满足《高层建筑混凝土结构技术规程》JGJ 3—2010 的要求，这种结构是否允许？

原因分析：

这种结构在类似地铁上盖类型建筑中，由于上、下建筑功能不同，会经常遇到。

应对措施：

《高层建筑混凝土结构技术规程》JGJ 3—2010 第 10 章带转换层结构设计要求，主要是针对底部部分框支剪力墙结构所作出的特殊规定，它是依据已有的部分剪力墙或框架柱不能直接落地的转换结构的工程经验和研究成果总结而得。底部全部框支剪力墙结构，不满足《高层建筑混凝土结构技术规程》JGJ 3—2010 第 3.5.4 条有关“竖向抗侧力构件宜上下连续贯通”的规定，也不符合《高层建筑混凝土结构技术规程》JGJ 3—2010 第 10 章有关带转换层结构的适用条件。因此，这种工程属超规范规定的复杂结构类型，应报政府相关行政主管部门进行超限高层建筑工程抗震设防专项审查。

问题【4.1.4】

问题描述：

型钢柱、钢筋混凝土梁的结构体系按混合结构设计。

原因分析：

设计人员对规范不熟悉，不理解混合结构的定义。

应对措施：

《高层建筑混凝土结构技术规程》JGJ 3—2010 第 11.1.1 条的条文说明：“为减少柱子尺寸或增加延性而在混凝土柱中设置构造型钢，而框架梁仍为钢筋混凝土梁时，该体系不宜视为混合结构；此外，对于体系中局部构件（如框支梁、柱）采用型钢梁柱（型钢混凝土梁、柱）也不应视为混合结构。”

问题【4.1.5】

问题描述：

框支梁下对应位置的各层框架梁抗震等级低于框支梁。

原因分析：

一直以来，围绕这个问题有不同的意见，而规范也有不同的规定：

1)《建筑抗震设计规范》GB 50011—2010（2016 年版）表 6.1.2 只对部分框支抗震墙结构体系中框支层框架的抗震等级作出规定，没有规定其他楼层框架的抗震等级；

2)《高层建筑混凝土结构技术规程》JGJ 3—2010 表 3.9.3 规定了部分框支剪力墙结构体系中框支框架的抗震等级，也就是从框支梁以下对应位置所有楼层框架（见图 4.1.5，框支框架包括图示 KZZ1、KZZ2 以及与之相连的 KZL1、KL1、KL2）的抗震等级。

两本不同规范在这个问题上有两种不同的规定，而且都是强制性条文，让设计人员感到困惑。

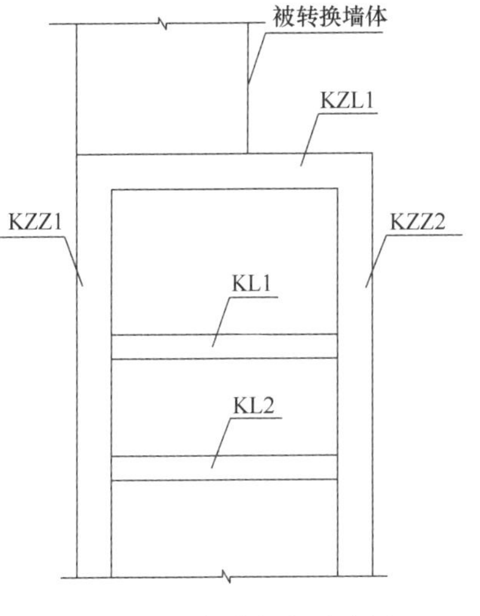

图 4.1.5　框支框架示意图

应对措施：

由于《高层建筑混凝土结构技术规程》JGJ 3—2010 是行业标准，针对这个问题较国家标准《建筑抗震设计规范》GB 50011—2010（2016 年版）的规定严格，因此我们认为应按照《高层建筑混凝土结构技术规程》JGJ 3—2010 表 3.9.3 执行，以图 4.1.5 为例，KL1、KL2 的抗震等级应与 KZL1 相同。

问题【4.1.6】

问题描述：

对于建筑面积超过 17000m^2 的商业建筑，通过设置抗震缝，把建筑划分成若干个结构单元，每个结构单元的总建筑面积都控制在 17000m^2 以下，如何确定这些结构单元的抗震设防类别？

原因分析：

规范未明确规定划分抗震设防类别所依据的是每个结构单元的总建筑面积还是建筑物总建筑面积。

应对措施：

我们认为，通过抗震缝把结构划分成若干个单元后，每个结构单元相当于一栋独立建筑，因此，对于总面积不超过 17000m^2 的结构单元，抗震设防类别可定为丙类。

4.2　结构布置及构件设计

问题【4.2.1】

问题描述：

综合体商业裙房顶层经常会设置影院，框架结构柱网布置先下后上的布置顺序会影响影院（大空间宴会厅）等布局。

原因分析：

综合体建筑功能多样，柱网要求和建筑功能息息相关，设计人员对此类建筑设计经验不足。

应对措施：

综合体建筑裙房的柱网布置宜遵循先上后下的原则，以开敞空间周边关键框柱为基准，合理调整柱网布局，满足建筑功能需要。应加强建筑方案阶段配合，尽量避免结构不必要的转换。

问题【4.2.2】

问题描述：

框架-核心筒结构底部加强区约束边缘构件如何设置箍筋和拉钩？

原因分析：

《建筑抗震设计规范》GB 50011—2010（2016 年版）和《高层建筑混凝土结构技术规程》JGJ 3—2010 的要求不一致。

应对措施：

《建筑抗震设计规范》GB 50011—2010（2016 年版）第 6.7.2 条第 2 款要求框架-核心筒结构底部加强区约束边缘构件宜全部设置箍筋；《高层建筑混凝土结构技术规程》JGJ 3—2010 第 9.2.2 条要求框架-核心筒结构底部加强区约束边缘构件范围内应主要采用箍筋。其实约束边缘构件通常需要沿周边设置一个大箍，再加上各个小箍筋或拉筋，而箍筋是无法勾住大箍的，会造成大箍筋的长边无支长度过大，从而起不到应有的约束作用。所以按《高层建筑混凝土结构技术规程》JGJ 3—2010 规定执行较为合理。

问题【4.2.3】

问题描述：

剪力墙结构、框架-剪力墙结构或者框架-核心筒结构中，当框架梁端部支承于剪力墙面外时，对支承梁处的剪力墙未进行有针对性的设计和处理，梁纵筋在支座内锚固也未能满足规范的要求。

原因分析：

1）当前大部分软件对剪力墙的面外弯矩未考虑。

2）设计人员未意识到梁端部支承于剪力墙面外时存在的一些问题。

应对措施：

1）剪力墙在支承框架梁的位置布置壁柱（暗柱或明柱），合理选取其壁柱的截面尺寸（壁柱截面高度可取墙的厚度，截面宽度可取梁宽加 2 倍墙厚），且对其壁柱应按框架柱进行分析与设计。

2）分析时应采用合理的模型反映壁柱与相邻剪力墙的受力关系，并避免刚度与质量的重复。

3）若壁柱位于剪力墙约束边缘构件的范围，则还应满足剪力墙约束边缘构件的相关要求。

4）框架梁宜采用小直径钢筋，如果水平锚固段小于 $0.4l_{aE}$，框筒结构应沿核心筒外墙增设封闭“环梁”，剪力墙或框架剪力墙结构宜在墙顶设置压顶梁，同时，框架梁底钢筋需适当加强。

5）可将楼面梁伸出墙面形成梁头，梁的纵筋伸入梁头后弯折锚固。

问题【4.2.4】

问题描述：

抗震设计时，错层结构中错层处剪力墙厚度及水平和竖向分布筋配筋率均不满足规范要求，错层处框架柱截面及配筋不满足规范要求。

原因分析：

对错层结构设计规范的规定不了解。

应对措施：

错层处应按《高层建筑混凝土结构技术规程》JGJ 3—2010 第 10.4 条要求设计，由于错层处竖向抗侧力构件受力复杂，容易形成多处应力集中部位，所以抗震设计时，要求剪力墙墙厚不应小于 250mm，并应设置与之垂直的墙肢或扶壁柱，水平和竖向分布筋配筋率不应小于 0.5%，要求柱截面高度不应小于 600mm，箍筋应全柱段加密配置。

4

问题【4.2.5】

问题描述：

根据《高层建筑混凝土结构技术规程》JGJ 3—2010 第 9.1.10 条的规定，“楼盖主梁不宜搁置在核心筒或内筒的连梁上”，所以设计人员通常采用斜向方式布置楼面梁以避免主梁以连梁为支座（图 4.2.5-1），但此做法既不利于房间分隔，又不利于设备布置；对于某些项目，因建筑功能要求，不允许设置斜梁，使得楼面梁不得不搭在连梁上，但设计上却未采取任何措施。

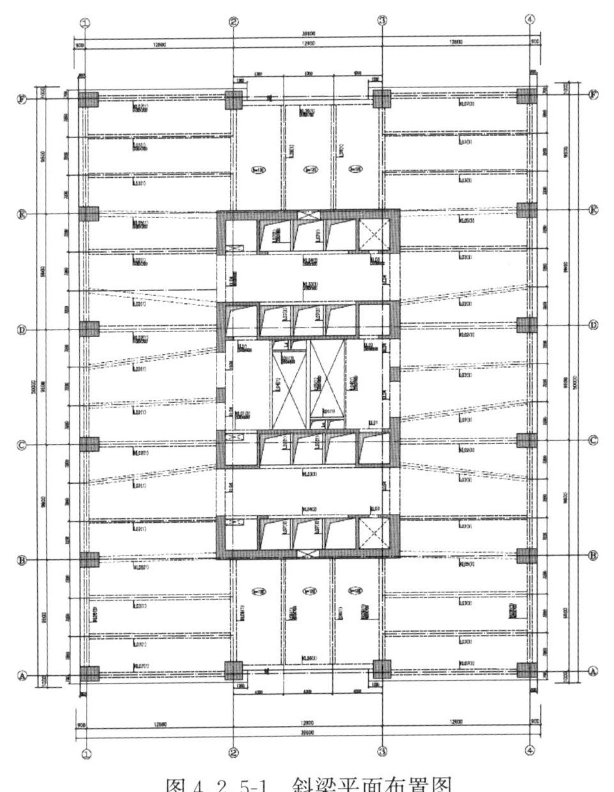

图 4.2.5-1　斜梁平面布置图

原因分析：

设计人员对规范理解不透彻，过于拘泥于规范的条条框框，抑或不理解连梁在结构抗震设计中所起的作用，把连梁按普通梁按常规处理。

应对措施：

采用直梁的平面布置（图 4.2.5-2），既减少材料损耗，又便于施工，同时利于房间分隔，更美观。但如果采取这种形式设计，则应根据实际情况采取相应的措施：

1）宜提高该连梁的抗剪与抗扭性能，如

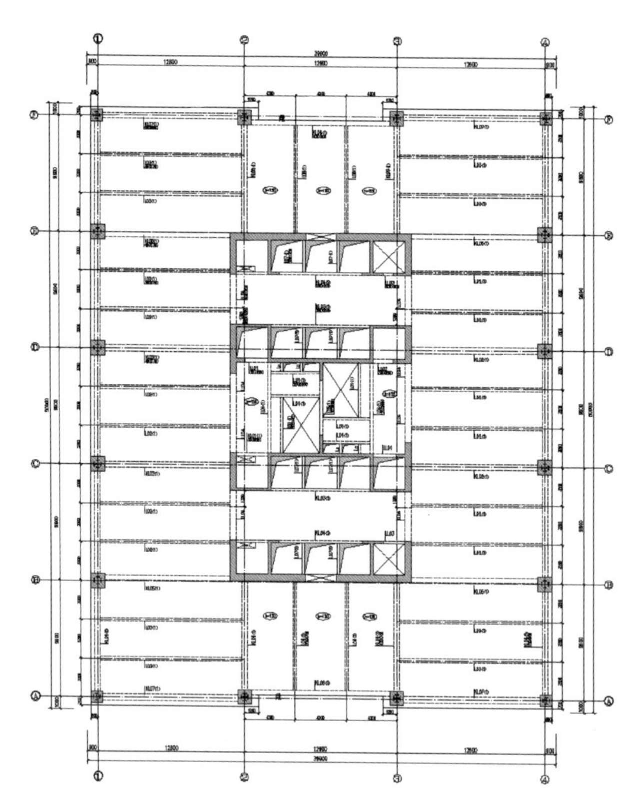

图 4.2.5-2　直梁平面布置图

该连梁中震抗剪与抗扭弹性、大震抗剪与抗扭不屈服。

2）采取加强连梁配箍率或增设抗剪钢板等措施提高连梁的抗剪性能。

3）也可采用变截面梁来进行该连梁的设计，如图 4.2.5-3 所示。对作为支座的连梁进行性能化设计，加强段按关键构件设置性能目标，在小、中震设计中，刚度不应折减，在大震作用下承载力不显著降低，仍能够承担楼面梁传来的竖向荷载；耗能段按耗能构件设置性能目标，在小、中震设计时，刚度应折减，在大震作用下进入屈服耗能。

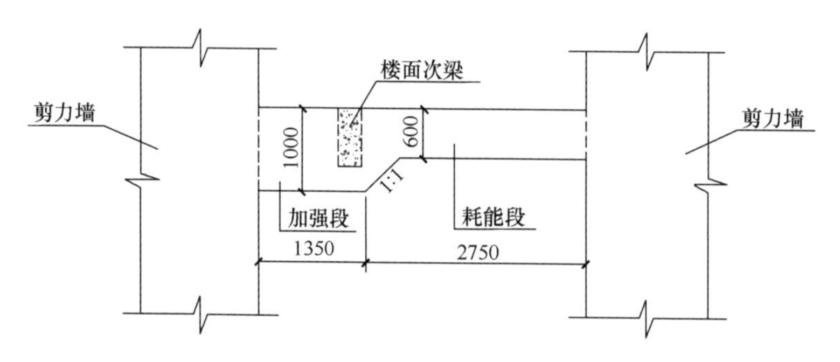

图 4.2.5-3　连梁支撑楼面梁示意图（图中尺寸仅为示意）

问题【4.2.6】

问题描述：

柱收截面时，梁边平柱边导致上下层墙边与梁边不能对齐，建筑墙体砌筑困难（图 4.2.6）。

原因分析：

结构与建筑专业之间协调不够。

应对措施：

柱收截面时，梁柱的位置应与建筑墙体仔细核对，确保上下层一致，方便墙体的砌筑。一般柱截面收进原则：边柱外边上下平齐，另外一边或三边收进；角柱外两侧上下平齐，另外两侧收进；中柱两侧或四侧收进。

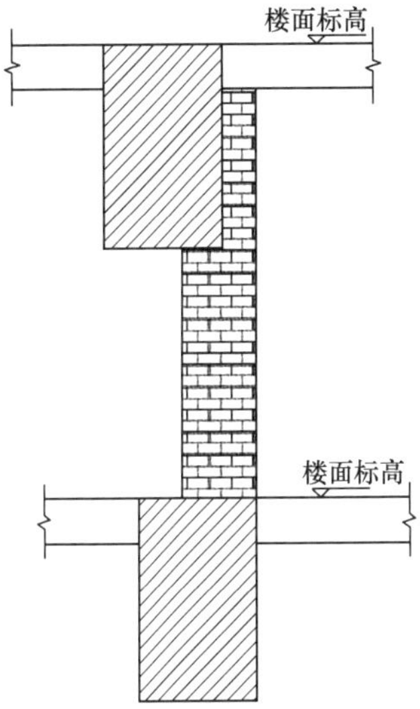

图 4.2.6　墙边与梁边不能对齐示意

问题【4.2.7】

问题描述：

次梁布置繁琐，间距过密，传力路径不明确；建筑专业有隔墙，结构平面就布置次梁。

原因分析：

次梁布置是为了解决楼板跨度过大或需承受较大的建筑隔墙荷载。

应对措施：

次梁作为楼板的支座，应尽可能简洁，可设可不设的尽量不设，可单向传力的不要双向传力，尽量避免布置多级传力的次梁。一般来说，楼板跨度 4m 左右较为合适，板厚可取 100mm 左右。另外，次梁布置还需考虑其下层平面建筑功能，公共建筑尽量和下层隔墙位置一致，居住建筑室内尽量不露梁。

问题【4.2.8】

问题描述：

由于建筑功能上的需要，高层建筑开设转角窗的部位，构造与计算上需采取相应的加强措施（图 4.2.8 标注的数据仅为示意）。

原因分析：

建筑为了景观或其他布置需要，在角部设置转角窗。设转角窗实际上是取消了角部的剪力墙或柱子，代之以角部折（曲）梁，削弱了结构整体抗扭刚度和抗侧力刚度，应采取必要的加强措施。

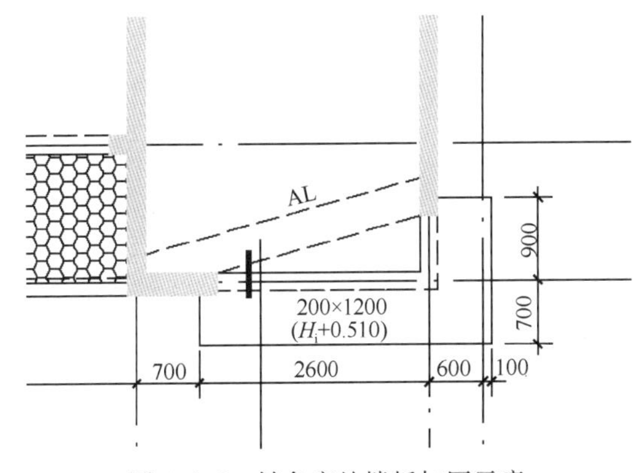

图 4.2.8　转角窗处楼板加固示意

应对措施：

1）计算分析时，转角窗处折（曲）梁的负弯矩不应调幅，扭矩折减系数取 1.0，并加强其配筋和构造。

2）宜提高转角窗两侧墙肢的抗震等级，按提高后的抗震等级限制轴压比。

3）洞口应上下对齐，洞口宽度不宜过大，转角处折（曲）梁高度不宜过小。

4）洞口两侧应避免采用短肢剪力墙和单片剪力墙，尽量采用T形、L形、Z形截面，加大墙厚，沿全高设约束边缘构件。

5）转角窗处楼板应适当加厚，配筋加大，双层双向，尽量增设暗梁连接洞口两侧的墙肢。

问题【4.2.9】

问题描述：

如图4.2.9所示，悬臂梁XL支承在KL上，XL产生的弯矩由KL的截面抗扭承担，受力极不合理。

原因分析：

设计人员在满足建筑品质要求的情况下没有考虑结构设计的合理性。

应对措施：

应避免设置支承在KL平面外的悬臂梁，阳台应采用悬臂板，悬臂板的弯矩应由相邻的楼板平衡，同时，支承悬臂板的梁也应加强其抗扭构造，增加抗扭冗余度，图中的L1、XL只需满足建筑立面的要求，不宜按梁设计。

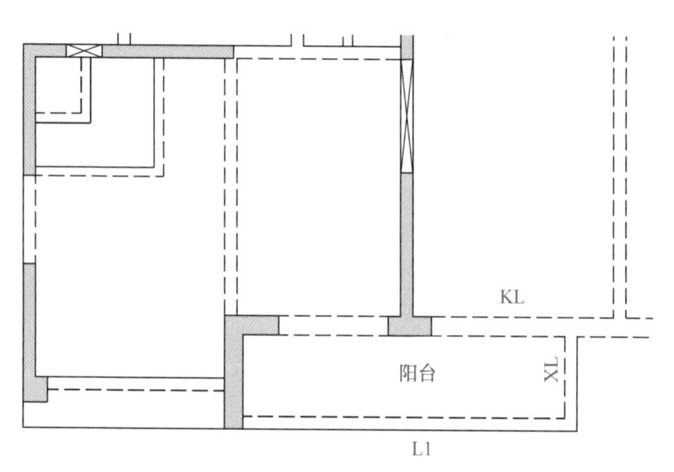

图4.2.9　悬臂梁支承在框架梁平面外示意

问题【4.2.10】

问题描述：

部分框支抗震墙结构的落地抗震墙底部加强部分，竖向和横向分布钢筋的配筋率均设计为0.25%。

原因分析：

设计人员对落地墙需要加强不敏感，而采用一般抗震墙的构造做法。

应对措施：

《建筑抗震设计规范》GB 50011—2010（2016年版）第6.4.3条要求部分框支抗震墙结构落地抗震墙底部加强部位，竖向和横向分布钢筋配筋率均不应小于0.3%。《高层建筑混凝土结构技术规程》JGJ 3—2010第10.2.19条更加明确规定部分框支剪力墙结构中，剪力墙底部加强部位的水平和竖向分布钢筋的最小配筋率，抗震设计时不应小于0.3%，非抗震设计时不应小于0.25%。

问题【4.2.11】

问题描述：

在配筋计算时，剪力墙连梁箍筋计算结果超筋但未采取任何措施。

应对措施：

连梁为重要的耗能构件，为保证在大震下有足够的耗能能力，在小、中震下应避免连梁抗剪能力不足（箍筋超筋）。

如果出现这种状况，应按《高层建筑混凝土结构技术规程》JGJ 3—2010 第 7.2.26 条的规定采取相应措施。

问题【4.2.12】

问题描述：

核心筒中由于楼梯、电梯间的影响，部分剪力墙平面外侧向约束较弱或者无约束，设计未采取相应加强措施，造成墙体稳定性不足。

原因分析：

设计人员对剪力墙面外稳定性问题不敏感。

应对措施：

1）采用现浇钢筋混凝土楼梯板，楼梯板水平筋锚入墙体，提高楼梯板的厚度和配筋。

2）按《高层建筑混凝土结构技术规程》JGJ 3—2010 附录 D 公式复核墙体稳定性。

问题【4.2.13】

问题描述：

对钢梁与混凝土楼板组成的楼盖，若混凝土楼板存在拉力，未验算板与相关钢梁之间栓钉的受剪承载力。

原因分析：

设计人员对传力路径缺乏完整的认识。钢梁与混凝土楼板组成的楼盖，混凝土楼板承担的拉力是通过板与钢梁之间的栓钉传递给钢梁的。

应对措施：

对钢梁与混凝土楼板组成的楼盖，若地震及温度等作用使混凝土楼板产生了拉力，应验算相关钢梁栓钉的受剪承载力，以保证混凝土板与相关钢梁共同工作。

问题【4.2.14】

问题描述:

在钢框架结构设计中，对工字形截面梁端部，未设置水平隅撑或未采取其他相应措施。

原因分析:

设计人员对工字钢梁端部塑性耗能与端部受压板件稳定性之间的关系认识不清。为了实现地震作用下框架梁塑性铰耗能的目标，须保证工字梁下翼缘的板件屈曲稳定性及截面扭转屈曲稳定性，故需按照相关规范，在塑性铰的附近布置水平隅撑。

应对措施:

1）在塑性铰的附近（梁端 0.15 倍梁跨）布置水平隅撑。

2）若设置水平隅撑影响建筑功能，可在离梁端合适距离处（与水平隅撑位置相同），在工字梁内设置 2～3 道竖向加劲肋。

问题【4.2.15】

问题描述:

对受上掀风力作用的轻型屋盖，未复核主体结构与屋面板之间连接构件的可靠性及其承载力。

原因分析:

设计人员认为此部分工作应由钢结构深化单位去完成，但钢结构深化单位也可能忽视了此问题，导致在台风作用下，发生屋面板与主体结构脱离，甚至发生屋面板砸人、砸车的事故。

应对措施:

设计人员必须对关键部分及关键问题进行把控，书面要求钢结构深化设计单位反提资料并密切跟踪，对受上掀风力作用下的轻型屋盖，根据深化设计单位的反提资料自行复核主体结构与屋面板连接构件的可靠性及其承载力。

问题【4.2.16】

问题描述:

在框架-核心筒结构中，楼盖采用钢梁混凝土组合楼盖，筒体采用滑模施工，则楼板与筒体相连部位存在无钢筋连接的施工缝，也未采取相应的加强措施（图 4.2.16-1）。

图 4.2.16-1　楼板与筒体无钢筋连接示意

原因分析:

1）筒体施工采用滑模工艺，先于楼面钢结构及楼板施工，由于滑模施工要求筒体外墙需平整，不便预留钢筋。

2）设计人员对楼板与筒体之间存在无钢筋连接施工缝引起的问题认识不清。实际上，此情况的出现，将导致楼板与筒体之间无法传递拉力及剪力，与结构计算分析模型不符。

应对措施：

对筒体剪力墙，在楼板处应预留槽口及钢筋（图 4.2.16-2、图 4.2.16-3），然后与楼板连接，以保证楼板的拉力与剪力能有效传递给筒体，并使实际结构受力机制与计算分析模型中受力机制一致。

图 4.2.16-2　筒体预留与楼板相接槽口示意

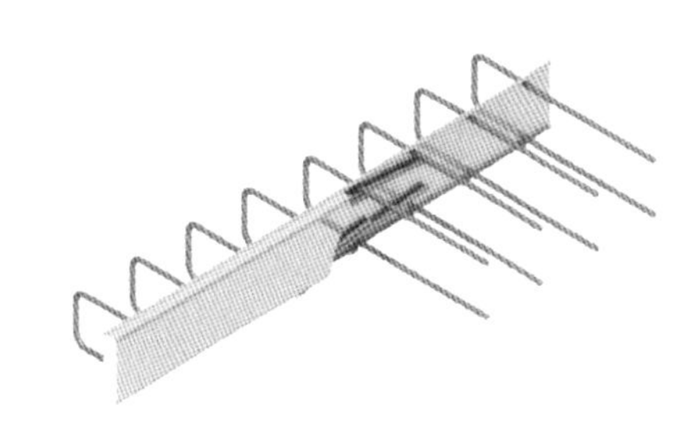

图 4.2.16-3　筒体预留楼板钢筋示意

问题【4.2.17】

问题描述：

对滑动支座连桥无防滑落的措施。

原因分析：

设计人员对结构的极限状态无预案，结构坚固性设计意识淡薄。简支连桥一旦滑落不仅造成连桥的交通中断，而且可能伤及人和物。

应对措施：

对滑动支座连桥应有防滑落的措施，如设置防连桥滑落的拉杆或拉索，以避免结构在极限状态下对生命财产的破坏。

问题【4.2.18】

问题描述：

两栋塔楼之间的连廊，或者商业建筑中庭之间的连廊，若支座采用滑动支座，那么抗震缝的宽度及支座宽度怎样取值，设计应考虑哪些问题？

原因分析：

若支座宽度取值不合理，会导致连廊与主体结构有碰撞或滑落的危险。

应对措施：

抗震缝最小宽度应能满足连廊两侧主体结构大震作用下该高度处弹塑性水平变形的要求，支座宽度=连廊方向抗震缝宽度+最小支撑宽度。除了留足缝宽外，还需采用防碰撞、防坠落措施。

问题【4.2.19】

问题描述：

对存在跨度较大悬挑板的情况，未合理选取内侧相邻板的厚度。

原因分析：

对跨度较大的悬挑板，其根部的弯矩几乎全部传递到内侧相邻板的边部，若内侧相邻板的厚度较悬挑板的厚度小得较多，则内侧相邻板难以承担传递过来的弯矩，且内侧相邻板也难以提供保证悬挑板固端约束的抗弯刚度。

应对措施：

对存在跨度较大悬挑板的情况，内侧相邻板的厚度宜与悬挑板厚度相同或略小，内侧相邻板应承担悬挑板传来的弯矩。

问题【4.2.20】

问题描述：

公共建筑主体结构的钢结构雨篷荷载预留不足。

原因分析：

公共建筑在大堂入口处往往布置有雨篷，普遍采用悬挑的钢结构玻璃雨篷，钢结构玻璃雨篷一般由幕墙公司等专业公司设计，在主体结构施工完毕后安装，结构主体设计时往往对雨篷的荷载预留不足，甚至有遗漏的现象。

应对措施：

结构设计时，应针对雨篷的悬挑长度，充分考虑雨篷对结构产生的内力，使主体结构构件（主要是直接承担雨篷荷载的结构梁）满足受弯、受剪及受扭等承载力的要求。

问题【4.2.21】

问题描述：

裙房屋面一般有大量机电设备，结构设计人员往往会预留充足的设备荷载，而未考虑设备基础的荷载或者考虑得不够，造成设备安装时需对结构梁板进行加固处理。

原因分析：

设备基础普遍采用钢筋混凝土的条形或墩式基础，基础高度甚至超过1000mm，有较大重量。

设计时应充分考虑。

应对措施：

结构设计时，需要同设备专业设计人员沟通设备基础的位置及做法，结合结构布置确定设备基础的位置，同时考虑设备及其基础的荷载进行结构相关构件的设计。

问题【4.2.22】

问题描述：

剪力墙结构设计时所有剪力墙的轴压比限值均按《高层建筑混凝土结构技术规程》JGJ 3—2010 第 7.2.13 条执行，参见表 4.2.22。

剪力墙墙肢轴压比限值　　　　表 4.2.22

抗震等级	一级(9 度)	一级(6、7、8 度)	二、三级
轴压比限值	0.4	0.5	0.6

原因分析：

剪力墙结构中经常会存在部分短肢剪力墙，设计人员未重视。

应对措施：

《高层建筑混凝土结构技术规程》JGJ 3—2010 第 7.2.2 条第 2 款要求：一、二、三级短肢剪力墙的轴压比分别不宜大于 0.45、0.50、0.55，一字形截面短肢剪力墙的轴压比限值应相应减少 0.1。这也是为了防止短肢剪力墙承受楼面面积范围过大，或房屋高度太大，过早压坏引起坍塌的风险。一字形截面短肢剪力墙延性及平面外稳定均十分不利，所以要求更高。

问题【4.2.23】

问题描述：

托柱转换梁在所承托的柱底未设置双向梁，被托柱子在转换梁平面外弯矩需由转换梁的受扭承载力来平衡。

应对措施：

1）转换梁在被托柱子位置处应设置交叉梁（尽可能与转换梁正交）以平衡柱底弯矩。

2）转换梁与被托柱子的中心线宜重合。

3）转换梁的扭矩计算不应折减。

问题【4.2.24】

问题描述：

商业综合体经常会碰到大悬臂问题，有些悬挑长度甚至达 8m 以上，并且截面高度还受限制。

原因分析：

受建筑功能及立面的限制。

应对措施：

优先考虑采用预应力结构。如采用普通钢筋混凝土结构，应考虑以下因素：

1）辅助楼盖舒适度分析来确定结构布置方式及悬臂梁的截面尺寸。

2）复核悬臂梁的挠度及裂缝宽度，确保满足规范。

3）通过起拱消除自重作用下的结构挠度。

4）与大悬臂梁相连的邻跨梁，梁顶拉通钢筋应根据梁的弯矩包络图进行设计。

问题【4.2.25】

问题描述：

框架柱在设计时未考虑梁式楼梯、坡道、夹层等构件的影响。

原因分析：

设计人员疏忽，或者楼梯详图和柱配筋详图由不同设计人员完成，配合不到位。柱与楼梯、坡道、夹层等构件相连会形成短柱。

应对措施：

设计尤其要注意斜向构件、层间构件与整体结构的关系，分析时应按实际标高位置输入构件建模，短柱箍筋应全高加密，同时，体积配箍率应按《高层建筑混凝土结构技术规程》JGJ 3—2010第6.4.7条执行。

问题【4.2.26】

问题描述：

部分框支剪力墙结构中，上部被转换墙体与转换梁边齐平，造成上部墙体纵筋在转换梁内锚固不合理。

原因分析：

仅满足建筑专业要求，而忽视了结构自身的要求。

应对措施：

1）与建筑专业协商，转换梁边由上部墙体边外扩100mm，以利于剪力墙钢筋的锚固。

2）应考虑剪力墙偏心布置对框支梁产生的扭矩。框支梁在被转换剪力墙位置宜设置交叉梁（尽可能与转换梁正交）以平衡剪力墙偏心布置产生的部分扭矩。

问题【4.2.27】

问题描述：

医院、学校等抗震设防为乙类的建筑，抗震缝宽度仍然按本地区烈度取值。

原因分析：

根据《建筑工程抗震设防分类标准》GB 50023—2008 第 3.0.3 条第 2 款的要求，乙类建筑“应按高于本地设防烈度一度的要求加强其抗震措施”，如深圳的乙类建筑应按 8 度地震区加强其抗震措施（包括抗震构造措施），建筑抗震缝宽度应按《建筑抗震设计规范》GB 50011—2010（2016 年版）第 6.1.4 条的 8 度区取值。

应对措施：

7 度地震区的乙类建筑宜按 8 度地震区确定其抗震缝宽度。

问题【4.2.28】

问题描述：

剪力墙边缘构件箍筋配置未满足墙身分布筋最小配筋率要求。

原因分析：

设计人员疏忽，构造边缘构件箍筋配筋比墙身分布筋小，而墙身分布筋未伸到构造边缘构件的端部。

应对措施：

墙身分布筋未伸入边缘构件端部时，边缘构件箍筋配筋不应小于墙身分布筋。

问题【4.2.29】

问题描述：

带较长（>300mm）L 形或 T 形翼墙的剪力墙（图 4.2.29），翼墙水平分布筋钢筋配置不满足最小配筋率的要求。

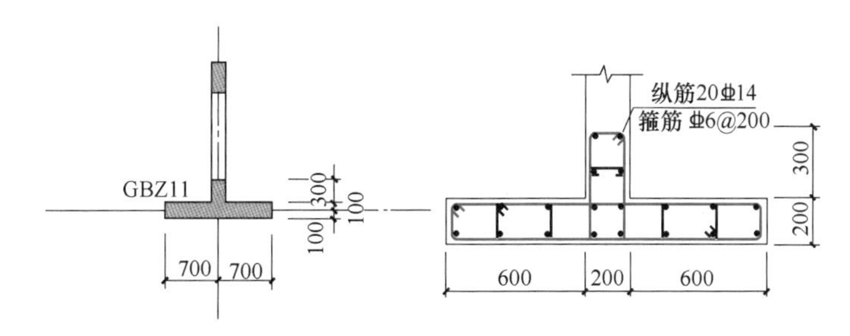

图 4.2.29　翼墙配筋示意

原因分析：

设计人员片面理解《高层建筑混凝土结构技术规程》JGJ 3—2010 第 7.2.16 条内容，对于翼墙仅按构造边缘构件的要求配置箍筋。长度较大的翼墙是抗侧力构件的一部分，其水平分布筋既要满足计算要求，还应满足计算和墙体构造要求。

应对措施：

加大翼墙箍筋量，以满足计算和构造的要求。

问题【4.2.30】

问题描述：

商业建筑的电影院等需设置斜向楼盖，通常跨越两个结构层，形成复杂的空间结构。结构设计时可能会遗漏斜向楼盖对主体结构的影响分析，造成整体结构模拟不准确，部分构件承载力不安全。

原因分析：

1）斜向楼盖对于整体结构工作性能有较大影响，带来层刚度突变、结构刚度偏心等不利影响。

2）与斜向楼盖相连的框架柱易形成短柱或超短柱，对抗震不利。

3）水平地震作用下，斜楼盖承受较大的轴力。

应对措施：

1）斜向楼盖应计入整体分析模型。

2）充分考虑斜楼盖引起的结构刚度偏心及刚度突变等不利影响，进行必要的结构布置调整。

3）对于斜楼盖形成的短柱，应采用相应的加强措施。

4）对斜楼盖中梁、板，应复核其拉应力情况，并采取相应配筋方式和加强措施。

问题【4.2.31】

问题描述：

筒体结构的楼盖四周角部未设置双层双向钢筋。

原因分析：

筒体结构的双向楼板在竖向荷载作用下，四周外角要上翘，但受到剪力墙的约束，加上楼板混凝土的自身收缩和温度变化影响，楼板外角很容易产生 45°斜裂缝，所以楼板顶面和底面宜配置双向钢筋网进行适当加强。

应对措施：

宜按《高层建筑混凝土结构技术规程》JGJ 3—2010 第 9.1.4 条的要求设置双层双向钢筋（图 4.2.31）。

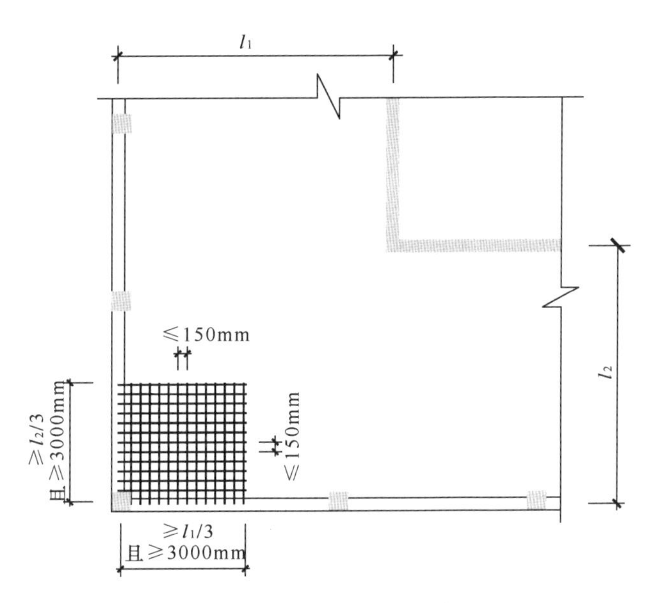

图 4.2.31　板角配筋示意

问题【4.2.32】

问题描述：

超高层结构竖向构件（墙和柱）的截面和混凝土强度等级在同一楼层变化。

原因分析：

在同一楼层同时改变竖向构件的几何参数和材料强度，易造成抗侧刚度和受剪承载力的突变。

应对措施：

剪力墙和柱的截面变化宜错开 2 层以上，同时，混凝土强度等级也应错开墙柱截面变化的楼层。

问题【4.2.33】

问题描述：

建筑要求围护结构及内部分隔墙采用混凝土墙，但实际上墙体未与主体受力结构脱开，反而成为主体结构的一部分，从而改变了结构受力性能。

原因分析：

建筑专业没有与结构专业进行充分沟通，直接设计此类混凝土隔墙的做法大样。

应对措施：

结构专业应主动与建筑专业沟通，避免此情况的出现。如难以避免，则应视隔墙为剪力墙进行设计。

问题【4.2.34】

问题描述：

梁纵向布置多排（3 排或以上）钢筋，却不考虑梁有效高度折减。

原因分析：

因层高限制，梁截面高度受到限制（如转换梁）。这些梁跨度大，受力大，在构件设计中需要配置多排钢筋才能满足计算要求。随着钢筋排数增加，梁截面有效高度 h_0 随之减小。计算程序并未考虑上述不利影响，偏于不安全。

应对措施：

1）与建筑专业沟通，探讨调整结构布置的可能性，通过调整结构布置减小梁的受力。

2）根据钢筋排数计算钢筋合力点的位置，重新计算梁配筋。

3）增加梁宽，从而减少钢筋排数。

4）采用型钢混凝土梁或直接采用钢梁。

问题【4.2.35】

问题描述：

斜柱或悬挑桁架相关混凝土梁（含型钢混凝土梁）有很大的水平拉力，设计时直接按电算结果进行设计。

原因分析：

实际工作中，发现各种计算方法所得轴向拉力有较大的差别。另外，也未分析受拉混凝土梁的拉应力情况。

应对措施：

1）分析时宜考虑相关楼板刚度退化的影响。

2）复核受拉梁的拉应力，若拉应力大于混凝土抗拉强度时，分析时应考虑混凝土受拉开裂后刚度退化的影响，并宜采用型钢混凝土梁。

问题【4.2.36】

问题描述：

带超长悬挑的多跨连续梁，与悬挑端相连的内跨上部钢筋截断太多，如图 4.2.36-1 所示，上部通长钢筋只有 2 根，造成上部钢筋配筋不足。

原因分析：

对带长悬挑梁的连续梁，其内跨弯矩分布规律与普通的多跨连续梁完全不同，内跨负弯矩的范

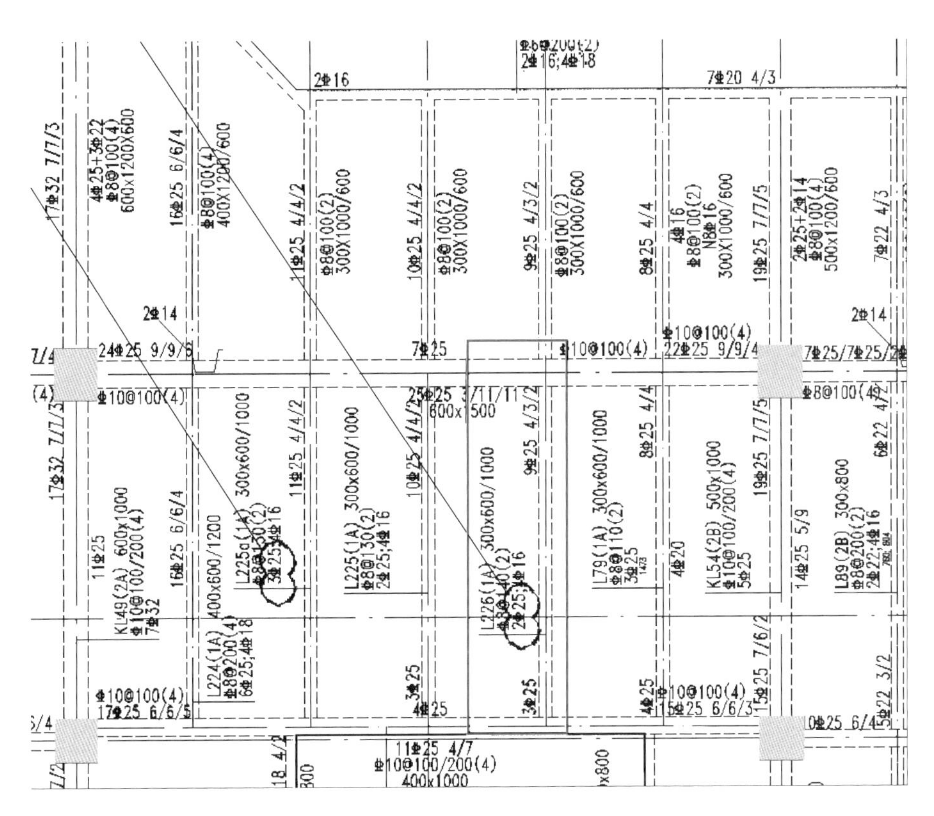

图 4.2.36-1　梁配筋示意图

	-I-	-1-	-2-	-3-	-4-	-5-	-6-	-7-	-J-
-M	-45.44	-17.74	-40.20	-92.74	-190.31	-326.41	-501.02	-728.45	-1038.86
LoadCase	28	49	49	25	25	25	25	25	25
TopAst	1085.11	927.22	1021.58	1227.39	1579.35	2012.80	2540.81	3269.37	4246.00
Rs	0.65%	0.51%	0.52%	0.58%	0.69%	0.83%	0.99%	1.23%	1.52%
+M	8.16	73.16	122.03	114.71	65.82	0.00	0.00	0.00	0.00
LoadCase	50	29	29	53	53	0	0	0	0
BtmAst	884.04	1199.68	1391.19	1319.17	1095.70	510.00	540.00	570.00	600.00
Rs	0.53%	0.66%	0.71%	0.62%	0.48%	0.20%	0.20%	0.20%	0.20%
Shear	97.90	72.22	-38.10	-74.75	-119.05	-173.34	-227.63	-280.01	-305.69
LoadCase	29	29	25	25	25	25	25	25	25
Asv	42.99	42.99	42.99	42.99	42.99	42.99	42.99	42.99	42.99
Rsv	0.14%	0.14%	0.14%	0.14%	0.14%	0.14%	0.14%	0.14%	0.14%
N-T	604.80	604.80	604.80	604.80	604.80	604.80	604.80	604.80	604.80
LoadCase	211	211	211	211	211	211	211	211	211
N-C	0.00	0.00	0.00	0.00	0.00	0.00	0.00	0.00	0.00

图 4.2.36-2　PKPM 梁配筋信息

围较普通连续梁要大得多，甚至全跨负弯矩。

应对措施：

对带长悬挑梁的连续梁，内跨顶面配筋量及钢筋延伸范围应由计算确定。其上部钢筋除满足锚固长度外，可取悬挑端支座钢筋通长的 1/2，以确保承载力满足要求。

问题【4.2.37】

问题描述：

长悬臂梁底筋仅按架立钢筋设置，未按计算结果配筋。

原因分析：

1）悬臂梁支座端负弯矩大，悬臂梁底部应相应配置受压钢筋。

2）由于竖向地震的作用可能使长悬臂梁底出现受拉的状况。

应对措施：

对长悬臂梁底面钢筋，应按计算结果配筋。

问题【4.2.38】

问题描述：

剪力墙边缘构件竖向钢筋不满足钢筋直径和数量的要求。

原因分析：

构造配筋时，设计人员只关注配筋率而忽视钢筋直径和数量要求。

应对措施：

《高层建筑混凝土结构技术规程》JGJ 3—2010 第 7.2.15 条第 2 款规定，剪力墙约束边缘构件阴影部分的竖向钢筋除应满足正截面受压（受拉）承载力计算要求外，其配筋率一、二、三级时分别不应小于 1.2%、1.0%和 1.0%，并分别不应少于 8ϕ16、6ϕ16 和 6ϕ14。《高层建筑混凝土结构技术规程》JGJ 3—2010 表 7.2.16 规定了剪力墙构造边缘构件最小配筋要求，包括钢筋直径和数量。

问题【4.2.39】

问题描述：

抗震设计时，突出屋面的楼梯间的竖向构件多采用异形柱。异形柱纵筋直径小于 14mm，不满足异形柱规范要求。

原因分析：

突出的屋顶间质量和刚度突然减小，鞭梢效应明显，应加强配筋。《混凝土异形柱结构技术规程》JGJ 149—2017 第 6.2.3 条规定：同一截面内，异形柱钢筋宜采用相同直径，其直径不应小于 14mm。

应对措施：

按《混凝土异形柱结构技术规程》JGJ 149—2017 第 6.2.3 条规定执行，突出屋面的楼梯间异形柱采用直径 14mm 以上纵筋。

问题【4.2.40】

问题描述：

如何处理超长结构的抗裂问题？

原因分析：

由于建筑使用功能、立面以及防水等要求，大量建筑的裙房都存在超长的情况［长度大大超过《混凝土结构设计规范》GB 50010—2010（2015 年版）所规定的结构伸缩缝最大距离］，设计人员误认为采取后浇带就可解决。实际上后浇带仅能解决混凝土早期收缩的影响，无法解决结构在使用期间室外温度的变化和后浇带封闭后的混凝土收缩影响。

应对措施：

应补充温度应力分析，根据分析结果，复核相关构件的承载力，并采取措施：

1）增设后浇带，解决施工期间的温度应力。

2）掺加适当的添加剂。

3）板面钢筋应全部或部分拉通。

4）梁腰筋应适当加强。

5）根据应力分析结果，在应力集中处加强配筋，必要时配置预应力钢筋。

6）控制后浇带混凝土浇筑时的温度。

问题【4.2.41】

问题描述：

电梯井道开口在各楼层平面位置不一致，井道无法上下对齐。

原因分析：

由于建筑功能的需要，电梯井壁剪力墙外侧上下对齐，而内侧收进（图 4.2.41），结构专业在施工图设计时忽略了剪力墙厚度的变化，仅标注井道净尺寸。

应对措施：

结构工程师施工图设计时应以轴线为基准控制梁的平面位置，确保井道最小净尺寸满足要求。

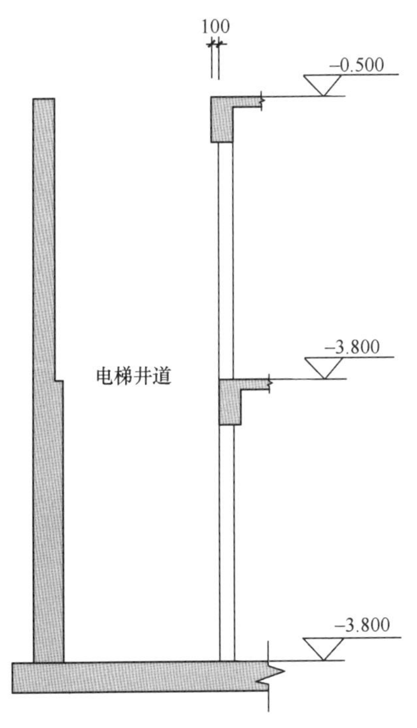

图 4.2.41　电梯井道开口在各楼层平面位置不一致

问题【4.2.42】

问题描述：

框架柱箍筋间距不满足规范要求，习惯性加密区取 100mm，非加密区取 200mm。

原因分析：

设计人员对规范不熟悉，忽略了箍筋间距和纵向钢筋直径的关系，如当抗震等级为一、二级而框架柱纵筋直径不大于 18mm 时，非加密区箍筋间距取 200mm 不满足规范要求；当抗震等级为一级而框架柱纵筋直径不大于 16mm，加密区箍筋间距取 100mm 也不满足规范要求。

应对措施：

严格按《建筑抗震设计规范》GB 50011—2010（2016年版）第6.3.7条第2款、第6.3.9条第4款及《高层建筑混凝土结构技术规程》JGJ 3—2010第6.4.3条第2款、第6.4.8条第3款的相关条文控制箍筋间距。例如：抗震等级为一、二级而框架柱纵筋直径为18mm时，非加密区箍筋间距应为180mm；当抗震等级为一级而框架柱纵筋直径为16mm时，加密区箍筋间距应为96mm，非加密区箍筋间距应为192mm。

问题【4.2.43】

问题描述：

天沟、雨篷、挑板等构件设计未经计算。

原因分析：

在施工图审查中经常遇到这样的问题：设计人员对于节点设计非常不重视，从其他项目把类似的节点拷贝过来，仅仅修改了相关尺寸。实际审查中曾发现有项目挑板厚度和配筋严重不足，实际所需配筋比设计大数倍。

应对措施：

应根据实际情况进行结构分析并配筋，不可懈怠。天沟及带翻边的雨篷尚应考虑堵塞导致的积水重量，挑板应充分考虑其上的荷载，尤其上有较大装饰柱、隔墙时，应通过计算进行配筋与承载力复核。

问题【4.2.44】

问题描述：

施工图与计算书内容不一致。

原因分析：

在施工图审查中经常遇到此类问题，可能会给结构安全带来极大的安全隐患，下面列举几个例子：

1）电算时为连梁，施工图中按框架梁设计；或电算时为框架梁，施工图中却为连梁。

2）计算时钢筋采用500MPa级，而图纸中采用400MPa级。

3）施工图中的构件截面尺寸与计算模型不一致，而构件配筋仍采用模型计算结果，造成配筋不足或者配筋率不满足规范最小配筋率的规定。

4）施工图中，型钢混凝土柱中的钢骨与基础连接采用铰接构造，而计算模型中型钢与基础连接采用固定支座。

应对措施：

设计人员应加强校审，确保计算书与施工图一致。

问题【4.2.45】

问题描述：

跨高比不大于2.5的连梁，腰筋的总面积配筋率小于0.3%。

原因分析：

一般连梁的跨高比都较小，容易出现剪切斜裂缝，为防止斜裂缝出现后的脆性破坏，除了加大箍筋配置外，对腰筋配置也提出相应要求。根据《高层建筑混凝土结构技术规程》JGJ 3—2010第7.2.27条第4款要求，连梁高度范围内的墙肢水平分布钢筋应在连梁内拉通作为连梁的腰筋。连梁截面高度大于700mm时，其两侧面腰筋的直径不应小于8mm，间距不应大于200mm；跨高比不大于2.5的连梁，其两侧面腰筋的总面积配筋率不应小于0.3%。部分设计人员容易忽略最后一条要求，导致腰筋配筋不足。

应对措施：

对跨高比不大于2.5的连梁，应注意复核剪力墙水平分布筋面积配筋率是否不小于0.3%，当不满足时，应单独配置相应连梁腰筋。

问题【4.2.46】

问题描述：

筒体结构核心筒或内筒设计时，由于建筑专业要求筒体角部开洞离筒角内壁较近（图4.2.46），又未采取相应的加强措施。

原因分析：

未按照《高层建筑混凝土结构技术规程》JGJ 3—2010第9.1.7条规定“筒体角部附近不宜开洞，当不可避免时，筒角内壁至洞口的距离不应小于500mm和开洞墙截面厚度的较大值”执行。

应对措施：

1）和建筑专业配合，调整开洞位置使之满足上述要求。

2）在开洞角部的剪力墙上设置端柱。

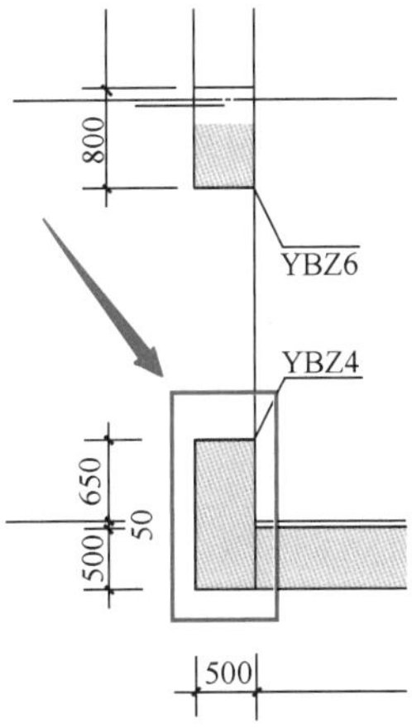

800
YBZ6
YBZ4
650
50
500
500

图4.2.46 核心筒角部开洞示意

问题【4.2.47】

问题描述：

框架-核心筒结构底部加强区范围以上墙体均设置构造边缘构件。

原因分析：

设计人员对框架-核心筒结构相关规范要求不熟悉，按普通钢筋混凝土剪力墙结构设计。

应对措施：

《建筑抗震设计规范》GB 50011—2010（2016 年版）第 6.7.2 条第 2 款规定，框架-核心筒结构一、二级筒体角部边缘构件在底部加强区以上全高范围宜按转角墙的要求设置约束边缘构件；《高层建筑混凝土结构技术规程》JGJ 3—2010 第 9.2.2 条规定，底部加强区以上角部墙体宜按本规程第 7.2.15 条的规定设置约束边缘构件。

问题【4.2.48】

问题描述：

为了避免扭转位移比或平动周期比超限，对于高层住宅，采取削弱楼梯间或电梯间剪力墙的办法（图 4.2.48），使得核心部位楼盖不完整，难以有效传递水平力。

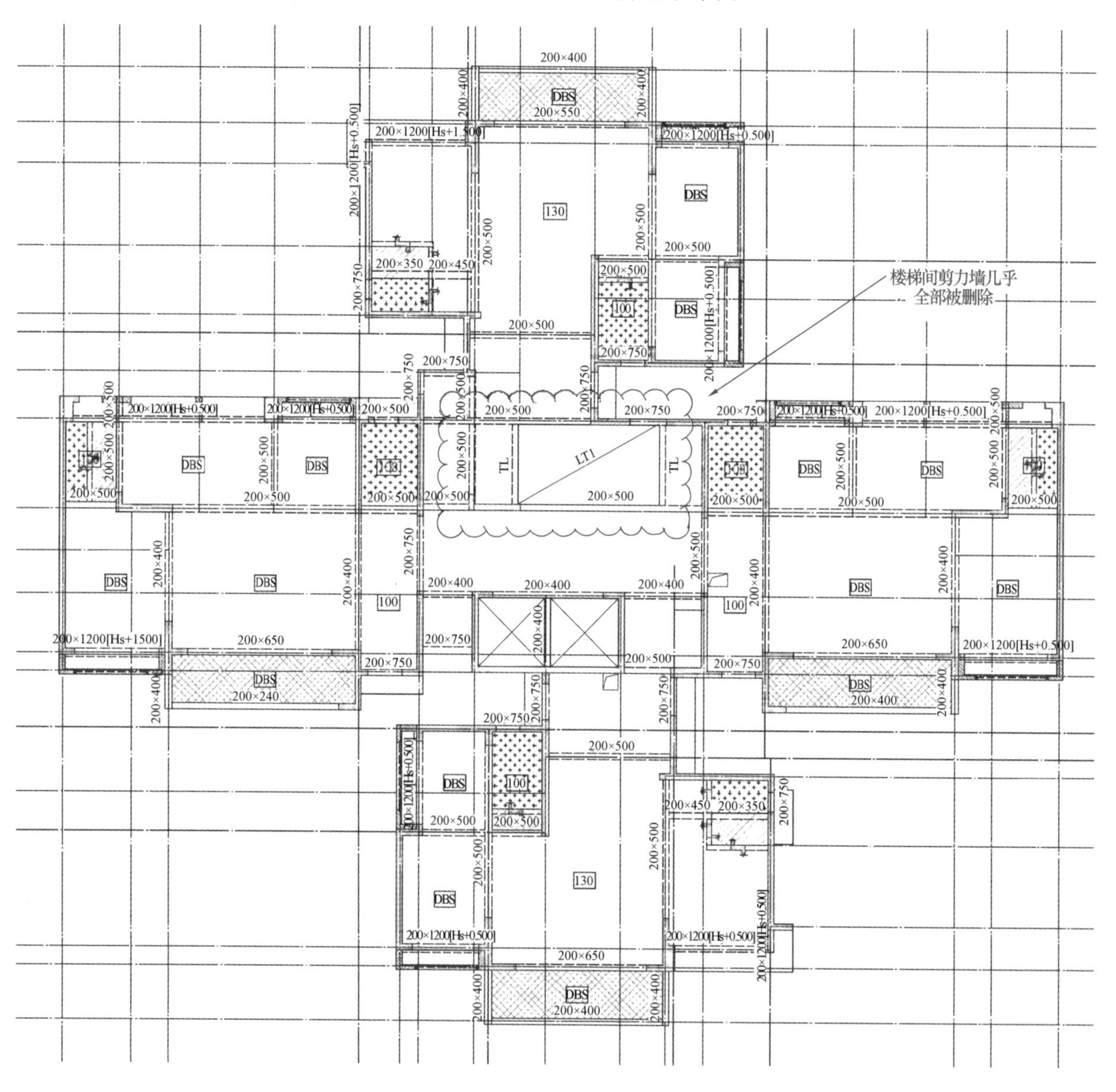

图 4.2.48　结构平面布置示意

原因分析：

1）设计人员希望通过削弱电梯井、电梯井剪力墙，从而达到避免扭转位移比或扭转、平动周期比超限的目的。

2）错误理解广东省标准《高层建筑混凝土结构技术规程》DBJ 15—92—2013 表 3.1.4 的含义，认为任何楼、电梯间都可不按开洞考虑。

应对措施：

住宅核心筒区域的结构是有效传递水平力、维持结构整体性的重要部分，应重点加强，即尽量保证楼梯井、电梯井剪力墙完整，而不应削弱剪力墙的布置以避免扭转位移比或扭转、平动周期比等指标超限。对其指标超限的问题，可通过加强建筑外围的刚度来处理。如果仍无法满足规范的相关规定，则可采用抗震性能化的方法进行设计。

问题【4.2.49】

问题描述：

偏心受拉框支梁上通长钢筋未达到支座的50%或腰筋配置不满足规范要求。

原因分析：

转换梁的受力非常复杂，设计时也应按关键构件考虑。偏心受拉的转换梁（框支梁）截面受拉区域较大，也可能会全截面受拉，因此除了按结构分析配置钢筋外，加强梁中区段梁顶面纵向钢筋以及梁两侧面的腰筋是非常有必要的。

应对措施：

根据《高层建筑混凝土结构技术规程》JGJ 3—2010 第 10.2.7 条第 3 款的规定，偏心受拉的转换梁的支座上部纵向钢筋至少应有 50%沿梁全长贯通，下部纵向钢筋应直通到柱内；沿梁腹板高度应配置间距不大于 200mm、直径不小于 16mm 的腰筋。

问题【4.2.50】

问题描述：

按简支计算的次梁，实配支座上筋不足跨中下筋的 1/4。

原因分析：

次梁虽然可按简支梁计算，但实际由于受到约束，还是会承担一定负弯矩。为避免负弯矩裂缝，对支座的配筋还应有一定的要求。

应对措施：

根据《混凝土结构设计规范》GB 50010—2010（2015 年版）第 9.2.6 条第 1 款规定，当梁端按简支计算但实际受到部分约束时，应在支座区上部设置纵向构造钢筋。其截面面积不应小于梁跨中下部纵向受力钢筋计算所需截面面积的 1/4，且不应少于 2 根。

问题【4.2.51】

问题描述：

根据《混凝土结构设计规范》GB 50010—2010（2015 年版）第 11.3.6 条第 2 款或《高层建筑混凝土结构技术规程》JGJ 3—2010 第 6.3.2 条第 3 款配置悬臂梁下部钢筋（图 4.2.51）。

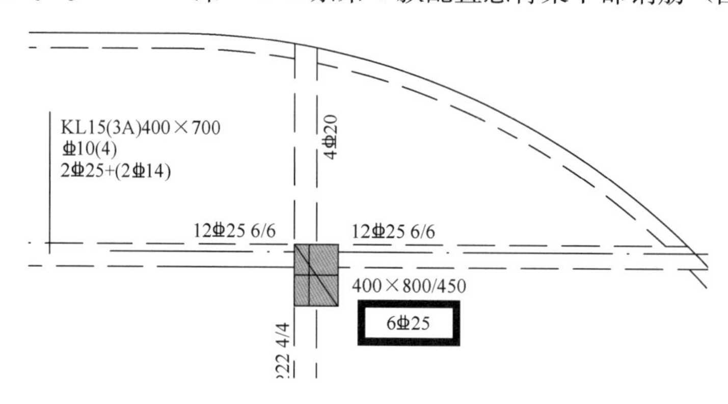

图 4.2.51　悬臂梁配筋示意

原因分析：

不理解规范对此条要求的原因，悬臂梁在水平荷载作用下，不大可能出现反向的支座弯矩，所以没有必要遵守此规定。

应对措施：

悬臂梁下部配筋不必按框架梁抗震等级要求的底面筋与顶筋比值配置下部钢筋，可按计算及构造要求配置，如配置 4ϕ16 也可以，但悬挑梁上部钢筋较多时，可适当加大其底部钢筋作为截面的受压钢筋。

问题【4.2.52】

问题描述：

扁柱（矩形柱）短边一侧纵向钢筋配筋率不足 0.2%或异形柱肢端一侧纵向钢筋配筋率不满足全截面的 0.2%，如图 4.2.52 所示，该柱纵向钢筋配筋率为 0.924%，而短边一侧纵向钢筋配筋率仅为 0.154%。

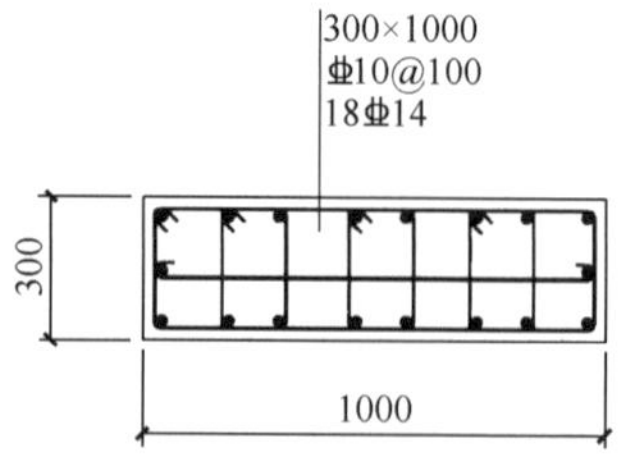

300×1000
Φ10@100
18Φ14
300
1000

图 4.2.52　扁柱配筋示意

原因分析：

柱纵向配筋沿柱周边均匀配置，虽然柱纵向受力钢筋满足最小配筋率，但设计人员未复核短边一侧的纵向钢筋配筋率。

应对措施：

《高层建筑混凝土结构技术规程》JGJ 3—2010 第 6.4.3 条规定，柱截面每一侧纵向钢筋配筋率不应小于 0.2%。

问题【4.2.53】

问题描述：

抗震设计时，转换柱（或框支柱）的箍筋设置仅满足普通框架柱的要求。

原因分析：

虽然转换柱受力性能与普通柱大致相同，但受力大，破坏后果更严重，所以规范对转换柱配箍提出比普通框架柱更高的构造要求。

应对措施：

框支柱或转换柱抗震设计时，应按关键构件考虑。《高层建筑混凝土结构技术规程》JGJ 3—2010第10.2.10条对于转换柱箍筋设置给出明确要求：抗震设计时转换柱的箍筋应采用复合螺旋箍或采用井字复合箍，并沿全高加密，箍筋直径不应小于10mm，箍筋间距不应大于100mm和6倍纵向直径的较小值；转换柱的箍筋配箍特征值应比普通框架柱要求的数值增加0.02采用，且箍筋体积配箍率不应小于1.5%。

问题【4.2.54】

问题描述：

梁端截面的底面和顶面纵向钢筋的配筋仅按计算配置，未考虑抗震设计时梁端底面与顶面纵向配筋的比值，即一级不应小于0.5，二、三级不应小于0.3。

原因分析：

梁端截面底面和顶面纵向钢筋的比值对梁的变形能力有较大的影响。梁底的纵向钢筋可增加负弯矩时的塑性转动能力，还能防止地震作用下梁底出现正弯矩时过早屈服或破坏过重，从而影响梁的承载力和变形能力的正常发挥。所以设计人员应引起足够的重视。

应对措施：

《建筑抗震设计规范》GB 50011—2010（2016年版）第6.3.3条第2款规定，梁端截面的底面和顶面纵向钢筋配筋量的比值，除按计算确定以外，一级不应小于0.5，二、三级不应小于0.3。设计配筋时应加强复核。

问题【4.2.55】

问题描述：

梁端纵向受拉钢筋配筋率大于2%时，箍筋直径未按《建筑抗震设计规范》GB 50011—2010（2016年版）第6.3.3条第3款要求比表中箍筋直径增大2mm。

原因分析：

1）对于整体计算时梁支座受拉钢筋配筋率接近且小于2%的梁，实际配筋时纵向受拉钢筋配筋率很容易大于2%。

2）还有一种情况是相邻跨梁跨度差别较大，支座左右梁截面高度不同，支座配筋时按计算大值设置通长配置，造成小截面梁的纵向受拉钢筋配筋率大于2%。

3）悬挑梁配筋时设计人员会适当加大梁端纵向受拉钢筋配筋，易造成梁的纵向受拉钢筋配筋率大于2%。

应对措施：

对于上述几种情况的框架梁，配筋时一定要重新复核其纵向受拉钢筋配筋率，如果梁端实际纵向受拉钢筋配筋率大于2%，应按《建筑抗震设计规范》GB 50011—2010（2016年版）第6.3.3条第3款规定，表中箍筋最小直径应增大2mm。另外还建议复核梁纵向受拉钢筋配筋率时，仅考虑有效截面面积，根据 A_s/bh_0 复核最大配筋率。

问题【4.2.56】

问题描述：

住宅底部存在沿街商铺，会形成一边商铺一边住宅的错层，分析时整体按错层结构计算。

应对措施：

广东省标准《高层建筑混凝土结构技术规程》DBJ 15—92—2013第11.4.1条的条文说明指出，楼层板面高差大于相连处楼面梁高，板面高差小于相连处楼面梁高但板间垂直净距大于支承梁梁宽时称为错层；结构中错层楼层数少于总层数的10%且连续错层数不超过两层时不属于错层结构。如底部有多层沿街商铺，商铺的楼板与住宅的楼板不在一个标高上形成错层，只要不同时满足总层数的10%和连续错层数超过两层的条件，则不属于错层结构，但错层构件要参照广东省标准《高层建筑混凝土结构技术规程》DBJ 15—92—2013第11.4条采取加强措施。

问题【4.2.57】

问题描述：

梁纵向钢筋配筋率大于2.5%而不大于2.75%时，受压钢筋的配筋率小于受拉钢筋的一半，这类问题多出现在荷载大、跨度大而梁高受限的情况下。

应对措施：

根据《高层建筑混凝土结构技术规程》JGJ 3—2010第6.3.3条第1款的规定，抗震设计时，梁端纵向受拉钢筋的配筋率不宜大于2.5%，不应大于2.75%；当梁端受拉钢筋配筋率大于2.5%时，受压钢筋的配筋率不应小于受拉钢筋的一半。

问题【4.2.58】

问题描述：

如图4.2.58所示，设计钢结构雨篷未验算斜杆的稳定性。

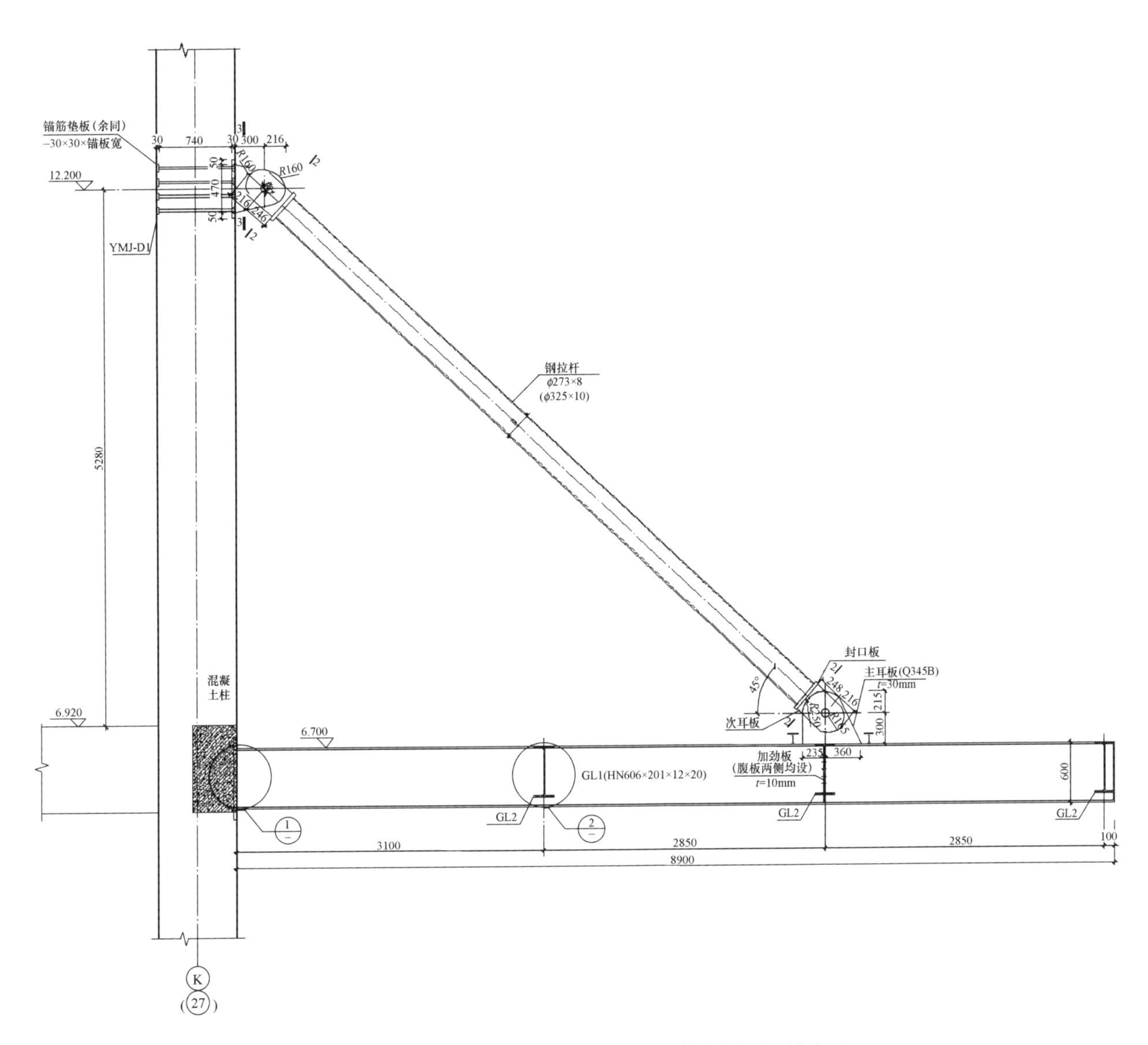

说明：1. 销轴材质为 Q390，销轴孔径与销轴直径相差不应大于 1mm。

2. 钢拉杆墙部设十字缝加强板，$t=12$mm，长 500mm，采用全熔透焊缝连接。

图 4.2.58　钢雨篷拉杆大样图

原因分析：

一般情况下，钢结构雨篷的自重不大，风荷载对雨篷产生的上浮力往往大于雨篷自重（尤其是沿海地区），使斜杆受压。部分设计人员设计斜杆时仅仅考虑雨篷荷载产生的拉力，忽略了由风浮力导致斜杆受压，没有对斜杆进行稳定性验算。

应对措施：

对该斜杆进行稳定性验算，雨篷风荷载局部体型系数根据《建筑结构荷载规范》GB 50009—2012 第 8.3.3 条第 2 款的规定，取－2.0。

问题【4.2.59】

问题描述：

如图 4.2.59 所示，约束边缘构件 YBZ1、YBZ2 沿墙肢长度 l_{c1}、l_{c2}未按墙肢总长度确定。

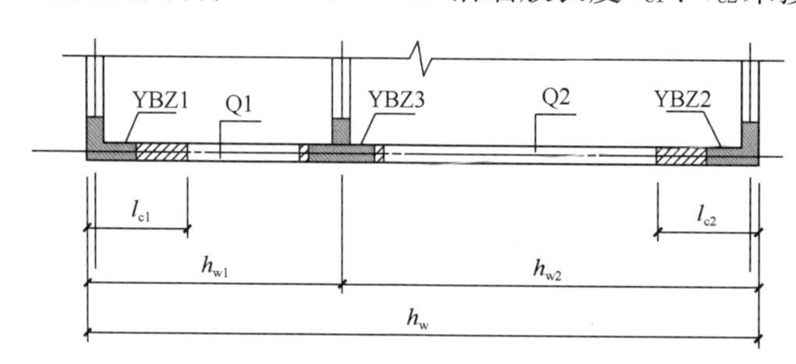

图 4.2.59　约束边缘构件示意

原因分析：

设计人员简单认为约束边缘构件 YBZ1、YBZ2 沿墙肢长度 l_{c1}、l_{c2}分别根据 Q1 和 Q2 的墙肢长度 h_{w1}、h_{w2}确定。但实际上，Q1 和 Q2 是联系在一起的整体，根据分段长度 h_{w1}、h_{w2}计算的 l_{c1}、l_{c2}不满足规范要求。

应对措施：

YBZ1、YBZ2 沿墙肢长度 l_{c1}、l_{c2}应根据墙肢总长度 h_w 计算确定。

问题【4.2.60】

问题描述：

弧梁、水平折梁未全跨范围箍筋加密及配置梁抗扭腰筋，同时还对抗扭刚度进行折减。

原因分析：

弧梁与水平折梁除了正常的受弯、受剪之外，还存在截面受扭的情况。设计人员忽略此情况，导致计算及钢筋配置不当。

应对措施：

对于弧梁与水平折梁，任何情况下都应箍筋全长加密及配置抗扭腰筋；软件计算时，相应梁抗扭刚度可不折减。

问题【4.2.61】

问题描述：

一、二级抗震等级的房屋角部异形柱以及地震区楼梯间，异形柱肢端未按规范要求设置暗柱，见图 4.2.61-1。

应对措施：

根据《钢筋混凝土异形柱结构技术规程》JGJ 149—2017 第 6.2.15 条设置暗柱。该条明确规定：一、二级抗震等级的房屋角部异形柱以及地震区楼梯间，异形柱肢端（转角处）应设置暗柱（图 4.2.61-2），暗柱沿肢端高方向尺寸 a 不小于 120mm。

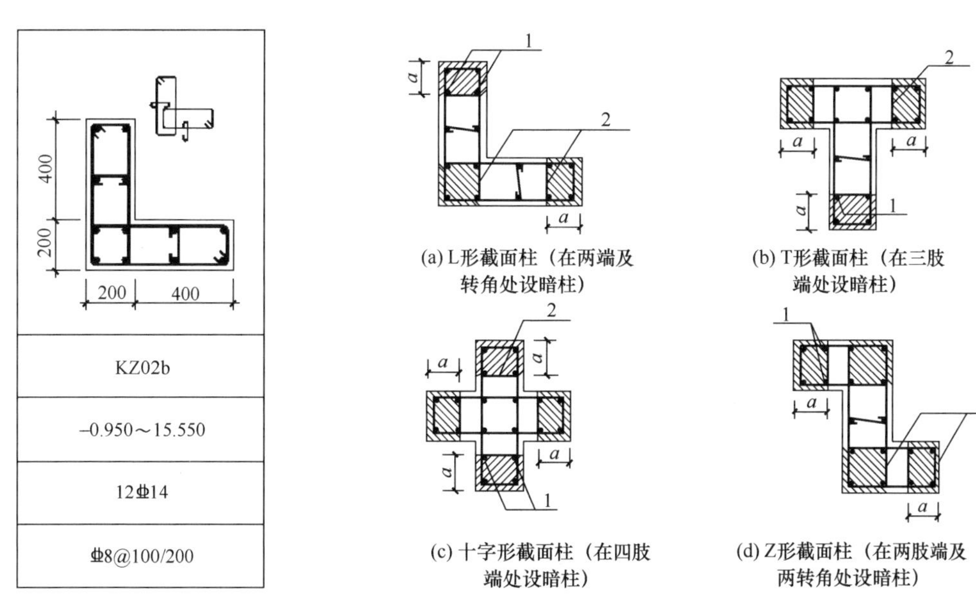

(a) L形截面柱（在两端及转角处设暗柱）　(b) T形截面柱（在三肢端处设暗柱）

(c) 十字形截面柱（在四肢端处设暗柱）　(d) Z形截面柱（在两肢端及两转角处设暗柱）

图 4.2.61-1　异形柱配筋示意

图 4.2.61-2　异形柱肢端暗柱构造

1—暗柱附加纵向钢筋；2—暗柱附加箍筋

问题【4.2.62】

问题描述：

抗震设计时，梁下部纵筋配筋率，一级小于上部支座钢筋的 0.5 倍，二、三级小于上部支座钢筋的 0.3 倍。

如图 4.2.62 所示，框架梁抗震等级为一级，梁底纵向钢筋面积为梁顶的 0.4 倍，小于 0.5。

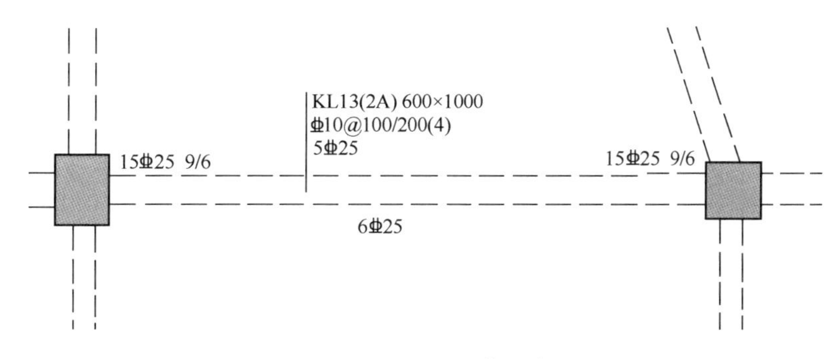

图 4.2.62　梁配筋示意

原因分析：

未按《高层建筑混凝土结构技术规程》JGJ 3—2010 第 6.3.2 条进行设计，此条规定：抗震设计时，梁端截面的底面和顶面纵向钢筋截面面积的比值，除按计算确定外，一级不应小于 0.5，二、三级不应小于 0.3。

应对措施：

按《高层建筑混凝土结构技术规程》JGJ 3—2010 第 6.3.2 条进行设计，增加梁底部纵筋至满足规范要求，此条为强制性条文，应严格执行。

问题【4.2.63】

问题描述：

在剪力墙结构设计中，对于布置短肢剪力墙数量比较多的结构，没有判定是否为较多短肢剪力墙结构。

原因分析：

由于建筑平面的限制或其他原因，布置了数量较多的短肢剪力墙，但设计人员忽略了规范的相关规定，没有对是否为具有较多短肢剪力墙结构进行判断。

应对措施：

根据《高层建筑混凝土结构技术规程》JGJ 3—2010 第 7.1.8 条，具有较多短肢剪力墙的剪力墙结构是指，在规定的水平地震作用下，短肢剪力墙承担的底部倾覆力矩不小于结构底部总地震倾覆力矩 30%的剪力墙结构。对于具有较多短肢剪力墙结构，应满足以下两点：

1）在规定的水平地震作用下，短肢剪力墙承担的底部倾覆力矩不宜大于结构底部总地震倾覆力矩的 50%。

2）房屋适用高度在设防烈度为 7 度、8 度（0.2g）和 8 度（0.3g）时分别不应大于 100m、80m 和 60m。

如不能满足以上两点，应对结构布置进行调整，减少短肢剪力墙的数量。

问题【4.2.64】

问题描述：

未复核贯通中柱的框架梁内纵向钢筋的直径。

原因分析：

这个问题常见于施工图审查工作中，设计人员在设计框架梁配筋时完全忽略了框架梁纵向钢筋的直径与柱截面的关系，如图 4.2.64 所示，梁纵向钢筋直径不满足相关规范规定。

《建筑抗震设计规范》GB 50011—2010（2016 年版）第 6.3.4 条第 2 款规定：一、二、三级框架梁内贯通中柱的每根纵向钢筋直径，对框架结构不应大于矩形截面柱在该方向截面尺寸的 1/20，或纵向钢筋所在位置圆形截面柱弦长的 1/20；对其他结构类型的框架不宜大于矩形截面柱在该方向

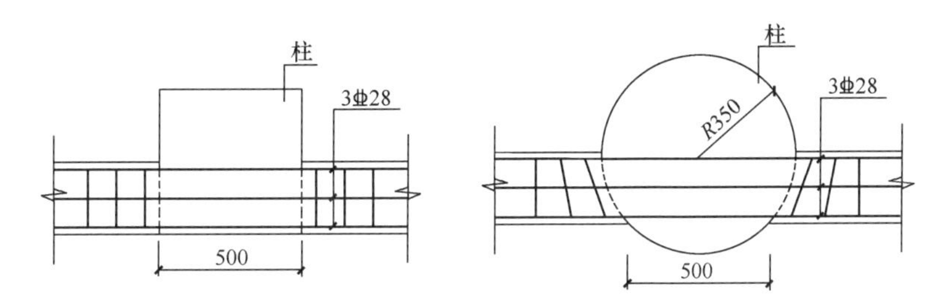

图 4.2.64　梁纵向钢筋在中柱贯通示意

截面尺寸的 1/20，或纵向钢筋所在位置圆形截面柱弦长的 1/20。

应对措施：

贯通中柱的框架梁内纵向钢筋直径应根据《建筑抗震设计规范》GB 50011—2010（2016 年版）第 6.3.4 条第 2 款进行设计。

4.3　材料及截面选择

问题【4.3.1】

问题描述：

下部型钢混凝土柱变换为上部钢筋混凝土柱时，仅通过设置芯柱、加强配筋等措施过渡可能并不能满足要求。

原因分析：

在结构中、上部或下部（若干层）采用不同的材料及结构类型时可能引起刚度及承载力的突变，型钢混凝土柱与混凝土柱之间需设置过渡层，以确保相邻层刚度变化相差不超过 30%。

应对措施：

下部采用型钢混凝土柱、上部采用钢筋混凝土柱时，其间应设置过渡层，下部型钢混凝土柱内的钢骨应升至过渡层顶部的梁高度范围内截断，过渡层柱钢骨截面可减小，可按构造要求设置，过渡层柱应按钢筋混凝土柱设计。

问题【4.3.2】

问题描述：

对室内游泳馆或其他水体等上空区域的钢结构，未采取有效的防腐措施，钢结构容易生锈，后期维护困难。

原因分析：

1）我国目前普遍采用向游泳池水中加投液氯的方法保证水质，液氯遇水发生化学反应形成次氯酸和盐酸。由于水温较高，水汽蒸发，水汽中的次氯酸和盐酸遇金属即发生腐蚀现象。

2）游泳池水中含有氯离子，若有钢结构，则容易生锈，也不易维护。

应对措施：

1）采用耐候钢，或采用钢筋混凝土结构或型钢混凝土结构。
2）宜采用耐久且可靠的防腐工艺，如热浸镀锌等。

问题【4.3.3】

问题描述：

部分短柱未按《建筑抗震设计规范》GB 50011—2010（2016年版）第6.3.7条第2款第3）点要求配置箍筋。

原因分析：

忽视了因楼梯、坡道、夹层、台阶等原因形成的短柱，以及因柱截面较大而层高不太高时造成柱净高与柱截面高度之比不大于4的短柱。

应对措施：

根据规范要求，短柱箍筋全长加密。

第5章 计 算 分 析

问题【5.1】

问题描述：

对高层建筑取七组地震波时程曲线进行时程分析时，结构地震作用效应取时程法计算结果的平均值与振型分解反应谱法计算结果中基底剪力的较大值，导致上部结构楼层所计算的地震作用可能效应偏小。

原因分析：

对规范理解不透彻。

应对措施：

高层建筑进行结构时程分析时，应根据《高层建筑混凝土结构技术规程》JGJ 3—2010 第4.3.5条："当取七组及七组以上时程曲线进行计算时，结构地震作用效应可取时程法计算结果的平均值与振型分解反应谱法计算结果的较大值"，这里较大值是指所有楼层剪力的较大值。

问题【5.2】

问题描述：

在结构内力和位移计算中，一般情况中梁刚度放大系数取2.0，边梁刚度放大系数取1.5，上翻边梁刚度放大系数也取1.5。

原因分析：

上翻边梁的刚度放大系数未按实际情况考虑。

应对措施：

结构内力和位移计算中，现浇楼盖和装配整体式楼盖，梁的刚度可考虑翼缘的作用予以增大，近似考虑时，楼面梁增大系数可根据翼缘情况取1.3～2.0，但对于上翻边梁刚度放大系数应按实际情况取1.0。

问题【5.3】

问题描述：

剪力墙结构中，所有与墙相连的梁均按连梁进行计算和设计。有的计算时按连梁，但配筋编号时又为框架梁。

原因分析：

根据《高层建筑混凝土结构技术规程》JGJ 3—2010 第 7.1.3 条的条文说明，剪力墙结构中连梁判定：两端与剪力墙在平面内相连的梁为连梁。

应对措施：

《高层建筑混凝土结构技术规程》JGJ 3—2010 第 7.1.3 条指出："跨高比小于 5 的连梁应按连梁进行设计，跨高比不小于 5 的连梁宜按框架梁设计。"理论上连梁的最终判定要看是否是以水平荷载作用下产生弯矩剪力为主，竖向荷载下的弯矩对连梁影响不大（两端弯矩为反号）来确定。以水平荷载作用下产生弯矩、剪力为主的连梁对剪切变形十分敏感，易出现剪切裂缝，一般是跨度较小的连梁。整体计算时可根据上述情况分别指定连梁和框架梁。连梁一般在整体抗震计算时刚度会折减，框架梁刚度考虑楼板作用后会放大。此外，剪力墙与框架梁的混凝土强度等级不完全一致，计算及构造要求也不完全相同，所以连梁与框架梁应严格区分，计算模型与构件设计应保持一致，构件应按计算模型正确编号。

问题【5.4】

问题描述：

钢筋混凝土结构中，墙或梁偏轴线布置，偏心较多时，墙、柱的计算定位及尺寸与实际出入较大，会影响整体指标。外框梁的偏心会导致次梁计算跨度偏小，出现计算模型与实际不吻合的情况。

原因分析：

计算时以轴线作为梁、柱、墙的定位，输入计算模型中。

应对措施：

建立计算模型时，应以构件中心线作为其定位输入模型中，构件输入时应考虑水平构件和竖向构件偏心布置的影响。

问题【5.5】

问题描述：

框架梁、柱中心线不重合而产生较大偏心，设计未考虑，偏不安全。

原因分析：

设计人员一般简化计算模型，忽视偏心。

应对措施：

1）采取楼板外伸、框架梁尽量往柱中移的方法，减少偏心。

2）采用加梁宽的方法，使梁、柱中心线之间的偏心距不大于柱截面在该方向宽度的 1/4。

3）如梁柱偏心距大于 1/4 柱宽时，可根据《高层建筑混凝土结构技术规程》JGJ 3—2010 第

6.1.7条，推荐采用梁水平加腋办法解决。框架梁采用水平加腋的办法能明显改善梁柱节点承受反复荷载的性能。

问题【5.6】

问题描述：

在竖向荷载较大时，楼板配筋时未考虑相对刚度和主次梁的变形造成的约束不足，导致楼板出现裂缝。

原因分析：

由于主次梁的刚度不同，在较大竖向荷载作用下会有不同的变形，导致对楼板约束情况不同，板就会产生不同的弯矩，所以计算时应考虑该影响。

应对措施：

地库顶板有较大覆土且楼盖结构选择主次梁时，楼板配筋应考虑相对刚度和主次梁的变形协调，采用有限元法计算楼板配筋（图5.6）。

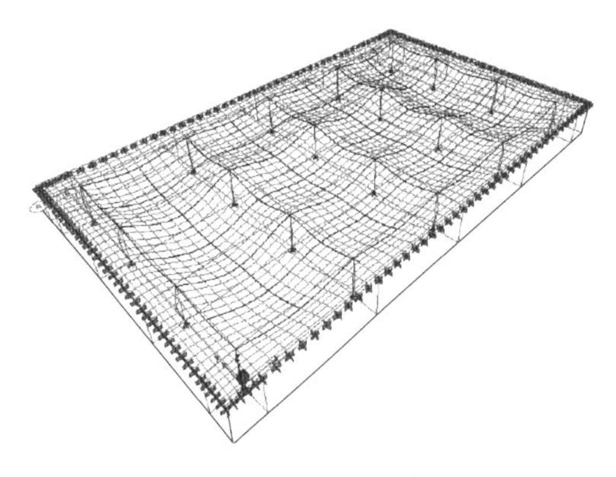

图5.6 楼盖布置示意图

问题【5.7】

问题描述：

框架结构的现浇楼梯构件未参与整体计算。

原因分析：

框架结构的楼梯构件与主体结构整浇时，楼梯板起到斜支撑的作用，对结构的刚度、承载力、规则性影响比较大，应计入楼梯构件对地震作用及其效应的影响，对楼梯构件的抗震性能也应进行验算。发生强烈地震时，楼梯间是重要的竖向逃生通道，必须有足够的抗震能力保证其畅通。

应对措施：

结构计算的模型建立，应符合结构实际工作状况，框架结构的楼梯构件与主体结构整浇时，计算中应考虑楼梯构件的影响。

问题【5.8】

问题描述：

楼梯有梯梁，梯梁在模型中未输入，梯板的导荷方向与实际情况不符。

原因分析：

结构整体模型计算的设计人员不了解楼梯的结构布置情况。

应对措施：

首先，做整体结构计算的人员要了解楼梯结构设计，将楼梯梁按实际情况输入；其次，楼梯段的荷载一般是先传给楼梯梁，所以导荷方向应手工修改为单向传力。

问题【5.9】

问题描述：

悬挑跨度大于5m的悬挑结构分析设计时，未考虑悬挑部分满布活载而内侧部分无活载的不利工况，也未验算大跨悬挑梁根部处板的拉应力。

原因分析：

悬挑部分满布活载而内跨部分无活载是一个不利工况，可控制内侧构件的承载力。当大跨悬挑梁根部拉应力较大时，其相邻板的拉应力必然较大，若不进行分析与配筋加强，可能导致其楼板开裂。

应对措施：

悬挑跨度大于5m的悬挑结构分析设计时，应考虑悬挑部分满布活载而内侧部分无活载的不利工况，也应验算大跨悬挑梁根部处板的拉应力，并采取相应加强措施。

问题【5.10】

问题描述：

多塔结构计算时，上部框架-剪力墙塔楼结构进行$0.2V_0$的调整时，未分段进行调整。

原因分析：

考虑多道防线的抗震概念，框架-剪力墙结构应进行剪力调整，但是随着建筑形式的多元化，特别是多塔结构框架柱的剪力调整要考虑与之相关的部分。

应对措施：

框架-剪力墙结构中的框架所承担的地震剪力应进行调整，对于多塔结构，应分为不同层段，分别调整。

问题【5.11】

问题描述：

多塔结构计算时振型数量偏少。

原因分析：

一般结构计算振型个数可以取振型参与质量达到总质量90%所需的振型数。但是对于多塔结构而言，上述方法确定的振型数量往往偏少，因为不能保证每个塔楼振型参与质量达到其质量的90%以上，应特别注意周期较长或高宽比较大时，振型数应适当增加以考虑高振型对结构的不利影响。

应对措施：

对于多塔结构应特别注意振型参与质量的把握，随着计算机解题能力和计算软件水平的提高，有条件提高结构计算的振型数量，建议多塔结构振型个数取振型参与质量达到总质量大于95%时所需的振型数。

问题【5.12】

问题描述：

抗震设计中，在进行楼层层间位移角控制时，是否需要考虑偶然偏心？是否需要考虑双向地震作用？很多设计人员不知如何把控。

原因分析：

影响楼层层间位移角的因素很多，位移计算本身就较为粗放，规范对楼层层间位移角进行宏观控制，主要是确保结构具备必要的侧向刚度，限制结构在风荷载或地震作用下产生水平位移，保证主体结构基本处于弹性受力阶段，避免结构产生过大的位移而影响结构的承载力和稳定性。另外，《高层建筑混凝土结构技术规程》JGJ 3—2010第3.7.3条第3款的注释也指出：抗震设计时，本条规定的楼层位移计算可不考虑偶然偏心的影响。

应对措施：

楼层层间位移角中的位移是弹性方法计算的位移，在进行楼层层间位移角控制时针对的是风荷载或多遇地震作用下单工况位移角，由此可知，计算楼层层间位移角时，可不考虑偶然偏心。《全国民用建筑工程设计技术措施—结构（混凝土结构）》（住房和城乡建设部工程质量安全监管司、中国建筑标准设计研究院编，中国计划出版社，2012）中也指出：验算最大弹性位移角限值时是不计入偶然偏心的，且可以不考虑双向水平地震作用下的扭转影响。

问题【5.13】

问题描述：

仅承受框架柱的转换梁与承受剪力墙的转换梁均按相同要求进行设计。

原因分析：

未区分托墙框支梁与托柱转换梁的区别。

应对措施：

带转换层的建筑结构分为带托墙转换层（部分框支剪力墙结构）和带托柱转换层两种形式。在框支转换中，转换不仅改变了上部剪力墙对竖向荷载的传力路径，而且将上部侧向刚度很大的剪力墙转换为侧向刚度相对较小的框支柱，转换层上下的侧向刚度比很大，形成结构薄弱层，引起地震剪力的重新分配，对结构的抗震不利，应采取有效的抗震措施。在框架托柱转换中，转换虽然也改变了上部框架柱对竖向荷载的传力路径，但转换层上部和下部的框架刚度变化不明显，托柱转换层结构主要承受竖向荷载，对结构的抗震能力影响不大，其抗震措施可比框支转换适当降低，对托柱转换层，其转换位置可不受限制。结构设计时，应根据《高层建筑混凝土结构技术规程》JGJ 3—2010 第 10.2.8 条，对托墙框支梁与托柱转换梁进行相应的加强。

问题【5.14】

问题描述：

剪力墙结构屋顶的构架（框架结构），其位移角和位移比按剪力墙结构控制。

原因分析：

设计人员机械套用规范。

应对措施：

剪力墙结构由于出屋面后剪力墙往往不伸出屋面，其上仅保留框架柱形成框架结构。《高层建筑混凝土结构技术规程》JGJ 3—2010 第 3.5.9 条要求：结构顶层取消部分墙、柱形成空旷房间时，宜进行弹性或弹塑性时程分析补充计算并采取有效的构造措施。广东省标准《高层建筑混凝土结构技术规程》DBJ 15—92—2013 第 3.5.9 条要求：突出屋面的建筑或顶层取消部分墙、柱形成的空旷房间，抗震设计时应考虑高振型的影响并采取有效措施。目前各种计算程序功能提高，能够进行整体计算；屋面以上的构架，应根据该处的结构形式确定其位移角和位移比指标。

问题【5.15】

问题描述：

跨层柱的计算长度系数和构造处理错误。

原因分析：

仅单向有框架梁相连，与之垂直的方向仅与悬臂梁相连时程序判断易出错。

应对措施：

1）计算时不能用“强制刚性楼板假定”。

2）悬挑梁不能算作对柱的约束。

3）应复核计算结果中的计算长度系数是否符合工程实际情况。

4）跨层柱的构造设计应按总跨层长度考虑；纵筋的搭接，箍筋加密区的设置均应以柱的跨层总长为设计对象。

问题【5.16】

问题描述：

对于大底盘多塔楼结构，只按分塔模型计算。

原因分析：

设计人员对多塔结构分析重视不够。

应对措施：

大底盘多塔楼结构，由于多塔楼结构振动形态复杂，整体模型计算有时不容易判断结果的合理性，所以要求按整体模型和分塔模型分别计算。整体模型计算主要考察多塔楼对裙房的影响，分塔楼计算主要考察结构的扭转位移比等控制指标。塔楼的结构设计可取两者的不利计算结果进行设计，塔楼底盘或裙楼屋面宜考虑塔楼相互作用的影响并采取适当的加强措施。多塔楼高层结构设计时需注意：各塔楼质量及侧向刚度宜接近，相对底盘宜对称布置。塔楼结构与底盘结构质心的距离不宜大于底盘相应边长的20%。可利用裙楼的卫生间、楼电梯间等布置剪力墙或支撑。剪力墙或支撑宜沿大底盘周边布置，以增强大底盘的抗扭刚度。具体设计应符合广东省标准《高层建筑混凝土结构技术规程》DBJ 15—92—2013第11.6条的规定。

问题【5.17】

问题描述：

由于存在大量局部振动，导致主体结构有效质量系数达不到90%。

原因分析：

设计中存在楼面不规则等因素而产生大量局部振动，指定的振型数常无法使有效质量系数达到90%。

应对措施：

采用CQC法计算分析时，振型个数一般可取振型参与质量达到总质量90%所需的振型数。因楼面不规则等因素而产生大量局部振动时，应加强与局部振动有关的构件沿振动方向的刚度，使相关局部振型由较低阶振型转变为较高阶振型，将其排除出“计算振型数”范围；也可以沿相关构件节点的振动方向增加约束或删除杆件中间节点，以消除局部振动；或者直接加大计算振型数。

问题【5.18】

问题描述：

防空地下室人防出入口防倒塌棚架，其挑檐做法同雨篷。

原因分析：

设计人员忽视防倒塌挑檐与一般雨篷的区别。

应对措施：

《人民防空地下室设计规范》GB 50038—2005第4.8.10条及第4.8.17条对于防倒塌棚架和挑檐荷载取值给出明确要求，其中，第4.8.10条针对防倒塌棚架，其要点是应考虑水平与垂直荷载；第4.8.17条针对防倒塌挑檐，其要点是应考虑正反面荷载。防倒塌挑檐应进行独立配筋，对同标高防倒塌棚架顶板钢筋，采用分离式钢筋配置。

问题【5.19】

问题描述：

对门框墙中边柱和顶梁，计算边柱和顶梁配筋时，相关荷载漏项。

应对措施：

顶梁应承担上部墙体传来的等效静荷载、本身高度范围内的等效静荷载和人防门传来的等效静荷载；边柱除承担以上3项以外，还应承担顶梁传来的等效静荷载。另外，还要与平时荷载作用下的效应进行包络设计。

问题【5.20】

问题描述：

结构计算建模时，因结构设计的需要，对较长的剪力墙开设结构洞口，而洞口以砖墙填充，但该部分荷载往往漏输。

原因分析：

设计人员工作不够细致，未严格按照规范进行设计。

应对措施：

编制结构荷载计算书时，应单列剪力墙结构洞口填充砖墙线荷载；结构设计校审时，该荷载列为重点检查对象。

问题【5.21】

问题描述：

当框支剪力墙转换层采用厚板转换时，不知如何分析。

应对措施：

1）对厚板转换结构中的厚板，应采用弹性厚板单元模拟与分析。
2）可采用ISAFE等软件进行单元网格划分。
3）厚板承载力验算时，除了验算受弯与受剪承载力外，还应验算厚板的局部冲切承载力等。

问题【5.22】

问题描述：

框架梁平面外支承于剪力墙上时，剪力墙面外抗弯配筋不足。

原因分析：

对荷载较大的框架梁，平面外支承于剪力墙上时，梁端弯矩直接传递给剪力墙，使剪力墙承担较大的面外弯矩，但目前较多的设计程序中未考虑剪力墙的面外承载力，容易造成对剪力墙面外承载能力要求的忽略，导致剪力墙抗弯配筋不足。

应对措施：

考虑在剪力墙内梁端下方设置暗柱，暗柱截面厚度同剪力墙，暗柱长度可取墙厚加2倍梁宽，由暗柱承担全部梁端弯矩，对暗柱进行抗弯设计。

问题【5.23】

问题描述：

托柱或托墙转换梁抗扭钢筋配置偏少。

原因分析：

转换梁除承受上部剪力墙或柱所传递的竖向荷载外，还需承担上部剪力墙底或柱底的两个方向弯矩，转换梁承载了较大的扭矩作用。考虑楼板的有利作用，一般设计程序默认对框架梁扭矩进行折减，且默认“扭矩折减系数”为0.4，易使计算转换梁扭矩值偏小，造成转换梁抗扭钢筋不足。

应对措施：

对转换梁扭矩不进行折减，即修改设计程序中“扭矩折减系数”为1.0，以充分考虑转换梁承担扭矩的作用。

问题【5.24】

问题描述：

建筑使用要求造成局部楼层错层较多，但相应结构建模时，未反映出结构的真实受力情况。

原因分析：

若分析模型未能真实地反映结构的构成关系与受力机制，则结构设计偏于不合理。

应对措施：

可以采用两种方式建模：一种是按照上节点高修改梁顶标高的方式，该方式适用于仅有个别楼层的个别房间错层的情况；另一种是增加标准层的方式，该方式适用于很多楼层大量房间错层的情况。

问题【5.25】

问题描述：

个别特殊建筑由于造型受限等原因，局部受力传递方式为上层水平构件通过吊柱连接来支承下层结构，这种传力方式在施工模拟分析中未能准确反映，导致结构计算内力错误。

原因分析：

如采用默认的施工模拟方式，则会出现上述的下层结构承载力超限、上层结构受力较小且吊柱受压的问题。

应对措施：

在重力荷载作用下，吊柱应以受拉为主。而一般计算软件中默认的施工模拟方式，是模拟下层结构承受上层结构的方式，与上述悬挂结构的传力机制是不同的，所以，设计人员应根据此结构的传力特点，选择合理的子结构和顺序进行手动激活与加载，以正确模拟实际悬挂结构的传力方式。

问题【5.26】

问题描述：

采用设置“虚梁”的方式施加隔墙荷载，但改变了实际的传力路径，导致周边主梁内力计算不正确。

原因分析：

虽然增加了虚梁之后，隔墙荷载能准确加入模型中，但是由于虚梁的存在，改变了荷载的传递方式，导致支承虚梁的两侧梁受荷放大，另外两侧梁受荷减小。

应对措施：

应避免采用加虚梁的方式加载，并可采用以下方式代替处理：

1）目前软件功能已经大为进步，可直接采用板上加载的方法处理；

2）根据规范（或经验）折算隔墙荷载为面荷载分摊到楼板上。

问题【5.27】

问题描述：

框剪结构二道防线设计时，关于框架部分剪力调整的方法，国家标准与地方标准相差较大，不知如何选择。

原因分析：

进行框剪结构二道防线验算时，按国家标准《建筑抗震设计规范》GB 50011—2010（2016年版）第6.2.13条及行业标准《高层建筑混凝土结构技术规程》JGJ 3—2010第8.1.4条要求，每层框架部分需至少承担结构底部总剪力值的20%和$1.5V_{f,max}$二者中的较小值；但按广东省标准《高层建筑混凝土结构技术规程》DBJ 15—92—2013相应条文要求，仅对框架柱进行相应的剪力调整。

应对措施：

根据工程所在地选用相应的标准，如对于广东省内的项目，可按广东省标准《高层建筑混凝土结构技术规程》DBJ 15—92—2013相关条文执行。

问题【5.28】

问题描述：

装配式结构，模型中如何体现装配式构件的影响。

原因分析：

装配式构件与主体结构之间的约束相对较强，故装配式构件对主体结构的影响不可忽略。

应对措施：

1）应根据装配式构件对主体结构的影响程度，对周期折减系数进行一定的折减。

2）应根据装配式构件对相关梁的影响程度，适当加大相应梁的刚度放大系数。

问题【5.29】

问题描述：

某剪力墙结构的公寓项目，结构模型计算结果中（图5.29），位于走廊的连梁计算模型结果超限（例如：截面不满足抗剪要求、配筋率超限等）。

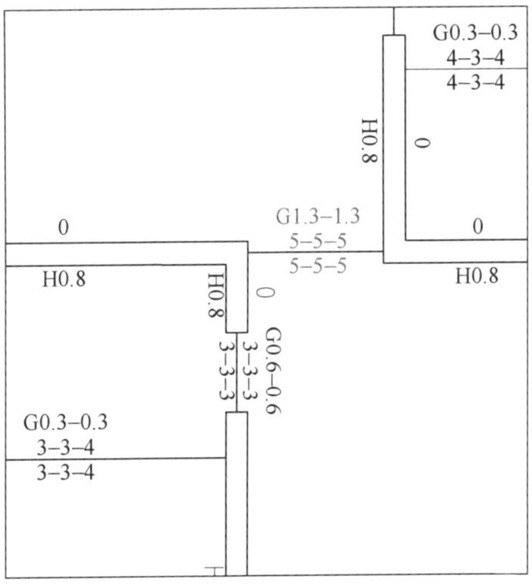

图5.29 局部计算配筋图

原因分析：

走廊内管线较多，同时为满足建筑净高要求，走廊内的梁截面高度受限；另外，相关剪力墙竖向变形差较大。

应对措施：

1）合理控制相关竖向构件的截面及轴压比，减小相关剪力墙竖向变形差。

2）合理选取连梁刚度折减系数，降低连梁的抗弯刚度。

3）加大连梁的宽度。

4）连梁内设置型钢。

问题【5.30】

问题描述：

一字形剪力墙等端部设置端柱时，端柱按剪力墙计算与按柱计算结果相差较大，不知如何选取。

原因分析：

对一般结构设计软件，若剪力墙端部采取壳单元模拟，设计时不考虑面外弯矩作用。若剪力墙端部采取柱单元模拟，设计时考虑双向弯矩作用。

应对措施：

若剪力墙端部支承面外方向的梁，承载力设计时，其端部应采取柱单元模拟，并按柱的要求进行配筋。

问题【5.31】

问题描述：

采用 YJK 分析计算时，“地震信息”中勾选“由程序自动确定振型数”，程序计算到质量参与系数之和满足要求时便不再计算更多振型，可能导致高振型对收进处及出屋面小塔楼鞭梢效应的影响被忽略。

原因分析：

采用振型反应谱等方法分析时，构件的内力与计算振型数相关；收进处构件的内力尤其与高振型的振型数相关。

应对措施：

对竖向收进较大的结构，应根据收进处构件的内力对计算振型数的收敛性，选取充分多的计算振型数。

问题【5.32】

问题描述：

当楼盖中存在较大的洞口且周边仅有少许楼板连接时，仍按楼盖无限刚模型进行模拟与分析。

原因分析：

楼盖无限刚模型意味楼盖平面内刚度无限大，也即该楼盖任意两节点之间无变形，显然此模型不适合模拟存在较大洞口的楼盖，若采用楼盖无限刚模型将导致内力与变形计算不正确。

应对措施：

当楼盖中存在较大的洞口且周边仅有少许楼板连接时，应按弹性楼盖模型进行模拟与分析。

问题【5.33】

问题描述：

风体型系数笼统地取 1.3，未考虑平面形状及高宽比的影响。

原因分析：

风体型系数与平面形状及高宽比等因素相关；若未考虑上述因素，将导致风荷载计算偏小，影响结构安全。

处理措施：

如果建筑的高宽比 $H/B>4$，其体型系数应取 1.4；如果平面形状为 V 形、Y 形、弧形、双十字形、井字形、L 形、槽形等，其体型系数应取 1.4。

问题【5.34】

问题描述：

$0.2V_0$ 调整起止楼层号设置不正确导致柱超筋（图 5.34）。

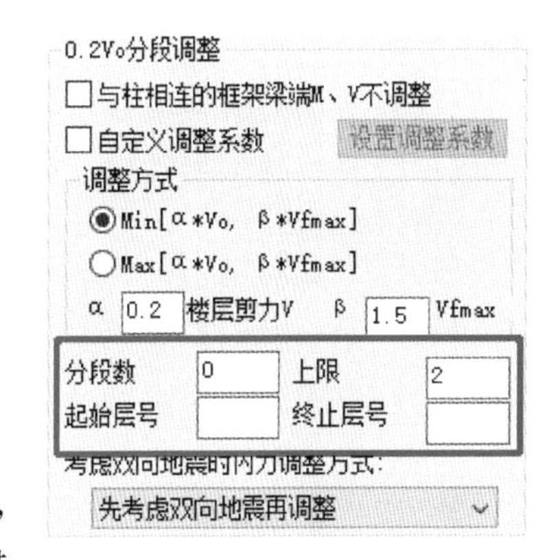

图 5.34　楼层剪力调整设置示意图

原因分析：

多塔大底盘、裙房顶等体型缩进处应分段进行 $0.2V_0$ 调整，参数设置时未考虑分段调整，或者分段调整时，起止层号设置错误导致收进处柱剪力调整过大，从而造成配筋过大。

应对措施：

调整起止楼层号设置时，应根据结构竖向收进情况进行细致设置。

问题【5.35】

问题描述：

带地下室模型分析时，一部分地下室剪力墙轴压比较首层相应值增大较多，另一部分地下室剪力墙轴压比较首层相应值偏小较多。

原因分析：

带地下室模型分析时，由于地下室外墙作为剪力墙参与计算，导致塔楼周边竖向刚度明显增加，周边构件竖向位移小，而塔楼中间竖向构件竖向位移增大，变形小的剪力墙承担更多的竖向力从而导致轴力增加，其轴压比增大；而变形大的剪力墙承担力减少，其轴压比减小。另外，当前结构分析主要基于弹性本构模型，未考虑混凝土徐变、收缩及开裂等因素的影响，也是造成上述问题的原因之一。

应对措施：

将地下室外墙按深梁框架输入或折减地下室外墙的刚度，再进行整体分析，并与地下室外墙按剪力墙输入的模型进行包络设计。

问题【5.36】

问题描述：

采用 CAD 图纸导入计算软件建立模型时，常出现部分构件计算结果异常，或不能计算的情况（图 5.36）。

原因分析：

1）如图 5.36 中竖向的上下两道剪力墙，本应布置在同一条轴线上，但是却布置在了相距仅 100mm 的两条轴线上，转角处的剪力墙出现了相距仅 100mm 的两个节点。

2）CAD 图纸在世界坐标系下绘制，导入计算软件时模型与坐标原点位置很远导致计算结果异常。

应对措施：

采用 CAD 图纸导入计算模型时，要注意将模型移到坐标原点附近，并且处理模型中距离很近的节点。

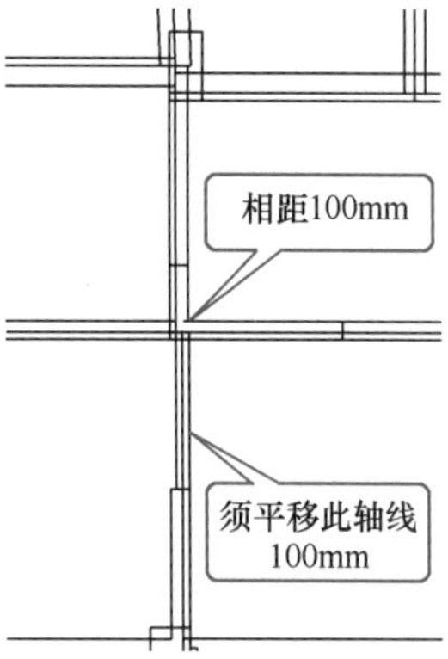

相距100mm

须平移此轴线100mm

图 5.36　计算模型局部示意图

问题【5.37】

问题描述：

错层处的柱剪力异常大，常出现抗剪超限。

原因分析：

剪力出现突变增大的原因是错层高低跨处按照默认的刚性板计算，由于上下两块刚性板作用，容易发生短柱的剪力突变。

应对措施：

将降板处的楼板设置为弹性膜，框架柱剪力不再异常，该柱的纵向配筋也大大减少，如图 5.37 所示。

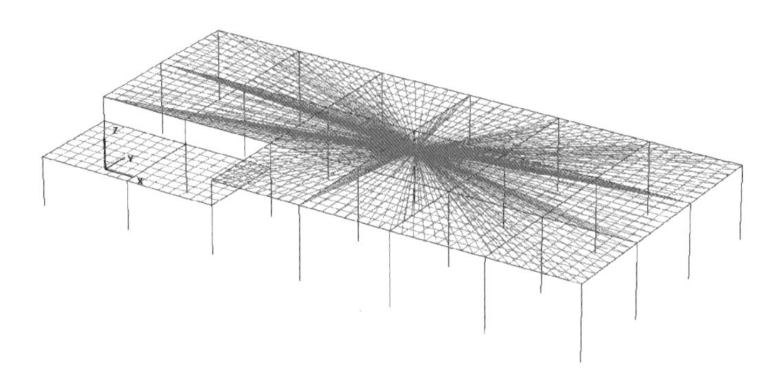

图 5.37　刚性板模型

问题【5.38】

问题描述：

地下室外墙裂缝验算时，保护层的厚度如何取？

原因分析：

《混凝土结构耐久性设计标准》GB/T 50476—2019 第 3.5.4 条："在荷载作用下配筋混凝土构件的表面裂缝最大宽度计算值不应超过表 3.5.4 中的限值。"但裂缝最大宽度计算值与计算所取的保护层厚度相关。

应对措施：

对有防水要求的混凝土构件，虽然钢筋保护层厚度取 50mm，但裂缝计算时可取 30mm，其裂缝控制宽度不大于 0.2mm。

问题【5.39】

问题描述：

地下室外墙周边存在大开洞，但计算结果中，柱内力未受到外侧水、土压力的影响（图 5.39）。

原因分析：

外墙承受的水、土压力传递到相关楼盖及框架柱，但楼盖存在较大洞口且计算时采用刚性楼板假定时，则不能准确计算相关结构的内力。

应对措施：

对上述情况，计算分析时应采用弹性膜或者弹性板计算假定。

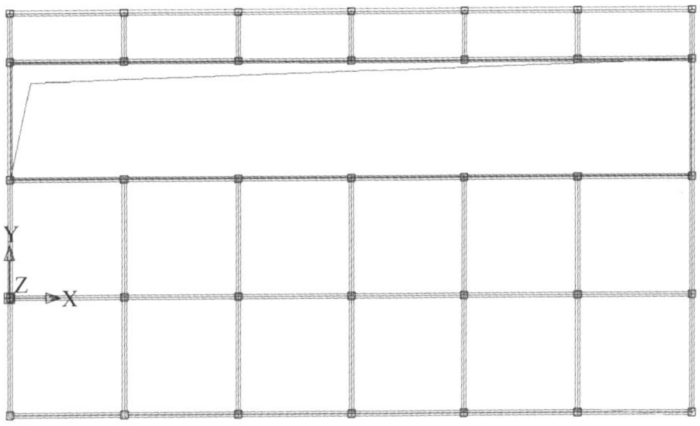

图 5.39　大开洞处平面布置图

问题【5.40】

问题描述：

地下室外墙内侧有坡道、楼梯等有限约束支承条件时，外墙设计仍按有楼层板支承进行外墙设计。

原因分析：

设计人员对外墙的受力及边界条件无清醒认识，导致分析模型与实际不符。

应对措施：

考虑外墙侧向的土、水压力作用，将内侧有限支承构件和外墙进行整体分析，再进行外墙和相关支承构件的设计。

问题【5.41】

问题描述：

未考虑相关梁式楼梯、坡道、夹层等构件造成短柱的问题。

原因分析：

未将楼梯、坡道、夹层等纳入结构计算模型中，难以反映相关短柱的受力特点。

应对措施：

分析设计时，应注意斜向构件、层间构件与相关构件的关系，并应在计算模型中进行准确模拟。

问题【5.42】

问题描述：

若边梁内侧存在洞口但外侧有悬挑板时，设计人员经常只输入竖向荷载而忽略相应扭矩的作用，将造成此边梁承载力不足。

应对措施：

计算分析时，对边梁外侧有悬挑板的情况，应对边梁同时输入竖向荷载及相应扭矩；或者按悬挑板输入，并在 YJK 软件“楼层组装-必要参数”中勾选参数“考虑悬挑板对边梁的附加扭矩”。

问题【5.43】

问题描述：

未正确选取通风机房、电梯机房等设备房间的组合值系数、频遇值系数、准永久值系数。

应对措施：

根据《建筑结构荷载规范》GB 50009—2012，对通风机房、电梯机房等设备房间，活荷载组合值系数取 0.9，频遇值系数取 0.9，准永久值系数取 0.8。正确选取相关参数后，应复核相关梁、板等的配筋。

问题【5.44】

问题描述：

转换结构分析时，未考虑转换梁上部结构及楼板刚度退化的影响。

原因分析：

由于混凝土构件存在裂缝及徐变的影响，导致其刚度退化，使得转换结构内力增加；若不考虑这些因素，则导致转换梁存在安全及开裂的风险。

应对措施：

转换结构分析时，宜考虑转换梁上部结构相关楼板及钢筋混凝土刚性节点等刚度退化的影响，以求得转换结构最不利内力，确保转换结构的安全。

问题【5.45】

问题描述：

采用消能减震时，减震系统与主体结构受力特点和设计需求不相适应。

应对措施：

当主体结构需要附加刚度时，优先采用位移型阻尼器；当主体结构不需要附加刚度时，则选择速度型阻尼器（设置位置应保证阻尼器两端有足够的相对变形），且消能子结构要满足罕遇地震下极限承载力要求。

问题【5.46】

问题描述：

连体结构采用弱连接时，未正确考虑摩擦摆支座受力特点，造成安全隐患。

应对措施：

连体结构采用弱连接，除复核罕遇地震下支座滑动量外，应特别关注摩擦摆支座在扭转分量作用下是否存在拉力，若存在，应采取抗倾覆措施。

问题【5.47】

问题描述：

塔楼带裙楼时，塔楼筏板基础承载力修正深度按室外地面标高计算不妥。

原因分析：

设计人员不理解深度修正的原理，相关规范也没有正式条文，故容易忽视。

应对措施：

按《建筑地基基础设计规范》GB 50007—2011 第 5.2.4 条的条文说明，裙楼地基压力可折算为土厚进行修正。

问题【5.48】

问题描述：

对大悬挑幕墙雨篷，结构计算时仅考虑了竖向荷载，但没有考虑雨篷根部弯矩传给梁，也没有传给相关的楼板，存在较大的安全隐患。

原因分析：

幕墙提资一般比较晚，有时候土建施工结束后幕墙才提资完整计算书给设计复核，主体结构设计时又没有考虑幕墙雨篷的受力状态。

应对措施：

计算分析时，应预先考虑雨篷的受力状态及相关的荷载，以保证结构能够满足幕墙荷载的要求。或者，尽量要求提前提资幕墙荷载条件，以便进行结构分析与相关构件的承载力复核。

问题【5.49】

问题描述：

设计分析时，未考虑框架结构窗间填充墙及梁下挂板对相邻柱造成的不利影响。

原因分析：

由于建筑功能及造型的需要，砖墙及梁下挂板等非结构构件的设置导致框架柱形成短柱，设计时往往忽略这些因素的影响。

应对措施：

若难以模拟砖墙及梁下挂板等非结构构件对框架柱的作用，则应对其柱的配筋进行加强。

问题【5.50】

问题描述：

场地剪切波速和覆盖层厚度处于场地类别分界线附近时，应按插值方法确定地震作用特征周期，而不应直接套用地勘场地类别。

原因分析：

设计人员对按插值法确定特征周期理解不深，经常按地勘提供的场地类别确定特征周期。

应对措施：

应按《建筑抗震设计规范》GB 50011—2010（2016年版）第4.1.6条及条文说明，场地类别分界线附近（剪切波速相差15%的范围）插值确定特征周期。

问题【5.51】

问题描述：

对7度（0.15g）和8度区的大跨度及长悬臂结构及9度区的所有结构，未考虑竖向地震的作用。

原因分析：

对规范不熟悉，容易遗忘复核竖向地震作用下悬挑梁的承载力和变形。

应对措施：

对7度（0.15g）和8度区的大跨度及长悬臂结构及9度区的所有结构，均应考虑竖向地震作用进行分析与设计。

问题【5.52】

问题描述：

对无梁楼盖，采用有限元法分析时，如何选取网格尺寸和内力结果？

原因分析：

由于无梁楼盖在柱帽区弯矩变化较大，故其分析结果与网格尺寸密切相关。另外，柱帽区最大弯矩与无梁楼盖的安全性密切相关。

应对措施：

1）有限元分析时，柱帽区网格尺寸不宜大于0.3m，并可取柱边最大弯矩为柱帽区的设计弯矩。

2）工程设计时，宜与其他软件或其他方法（如把柱上板带模拟为梁进行手算）的计算结果进行包络设计。

问题【5.53】

问题描述：

地下室外墙设计时，视两侧壁柱为固定边进行双向板的受力分析。

原因分析：

当地下室外墙存在壁柱时，不能简单视为地下室外墙的固定边，只有当柱板的刚度比较大时（如大于2），方可视壁柱为固定边。但一般情况下，地下室侧板的厚度约400mm，而壁柱的截面尺寸约600mm×600mm，其柱板刚度比较小，其壁柱难以作为外墙的固定边。

应对措施：

若地下室外墙壁柱截面尺寸较小，地下室外墙受力分析时，不考虑壁柱的影响，按单向板进行受力分析。

问题【5.54】

问题描述：

转换梁位于夹层并承受夹层上下层楼盖传来的荷载，但分析时，此梁按普通梁单元分析，即未考虑夹层下层楼盖传来的荷载。

原因分析：

分析模型中梁单元简化为线单元，仅承担与梁相关构件传来的荷载，而不承担下层相关构件传来的荷载，导致计算模型不能反映实际的受力情况，使得结构设计存在安全风险。

应对措施：

对上述情况，转换梁宜优先采用壳单元或实体单元模拟；若采用梁单元模拟时，应设刚臂与下层相关构件进行连接，以反映实际的受力情况。

问题【5.55】

问题描述：

未合理选取梁的扭矩折减。

原因分析：

采用杆系模型的计算分析时，没有考虑实际楼板对抵抗梁扭转的有利作用，故导致梁计算扭矩偏大。

应对措施：

考虑楼板的作用，对梁中的扭矩予以折减，一般可取梁扭矩折减系数为 0.4，但当梁两侧均无楼板时，应取 1.0。对重要构件或难以确定扭矩折减系数时，宜取折减系数为 1.0 进行分析与设计。

问题【5.56】

问题描述：

设计时未考虑重力二阶效应的不利影响，导致结构计算内力偏小。

原因分析：

在设计中未关注刚重比与计算选项的关系，导致刚重比小于相应限值时未考虑二阶效应的不利影响。

应对措施：

当剪力墙结构、框架-剪力墙结构等刚重比小于 2.7 时，应考虑二阶效应的不利影响。

问题【5.57】

问题描述：

对于L形、十字形、品字形平面等不规则的平面布置，设计中往往忽视风荷载作用的最不利角度，影响结构安全性。

原因分析：

对于L形、十字形平面等不规则的平面，*X*、*Y* 方向可能不再是风荷载作用的最不利方向，其最不利方向可能是风荷载较大或是抗侧刚度较小的方向，并控制着结构的安全性。

应对措施：

对于平面不规则结构，考虑不同方向及相应风体型系数，通过比较风作用下的基底剪力、倾覆弯矩及最大层间位移角，反复试算得到结构的最不利风向角。对于特别复杂的不规则结构，宜通过风洞试验确定风荷载作用最不利方向。

问题【5.58】

问题描述：

在坡地建筑设计中，仍然按照常规建筑计算风荷载和地震作用。

原因分析：

设计中未考虑坡地对风荷载体型系数和地震作用的放大效应。

应对措施：

在风荷载作用下，坡地建筑结构迎风面、背风面的室外标高和受荷面积不同，故迎风面和背风面所受风荷载需分别计算，不宜利用加大风荷载体型系数进行简化计算。

顺坡方向风荷载作用时（图5.58a），山地建筑结构迎风面、背风面的风荷载体型系数 μ_s 、风压高度变化系数 μ_z 的起算点取相应受荷面的室外地面，侧面风荷载体型系数 μ_s 、风压高度变化系数 μ_z 的起算点取迎风面、背风面中较低的室外地面；横坡方向风荷载作用时（图5.58b），山地建筑结构迎风面、背风面的风荷载体型系数 μ_s 、风压高度变化系数 μ_z 的起算点均取迎风面和背风面较低位置处室外地面，侧面风荷载体型系数 μ_s 、风压高度变化系数 μ_z 的起算点取相应受荷面的室外地面。风压高度变化修正系数的起算点取风压高度变化系数 μ_z 的起算点。

对位于局部突出地形的建筑，根据《建筑抗震设计规范》GB 50011—2008（2016版）第4.1.8条规定，应估计不利地段对设计地震动参数可能产生的放大作用，对水平地震影响系数应乘以增大系数，其值应根据不利地段的具体情况确定，在1.1～1.6范围内采用。

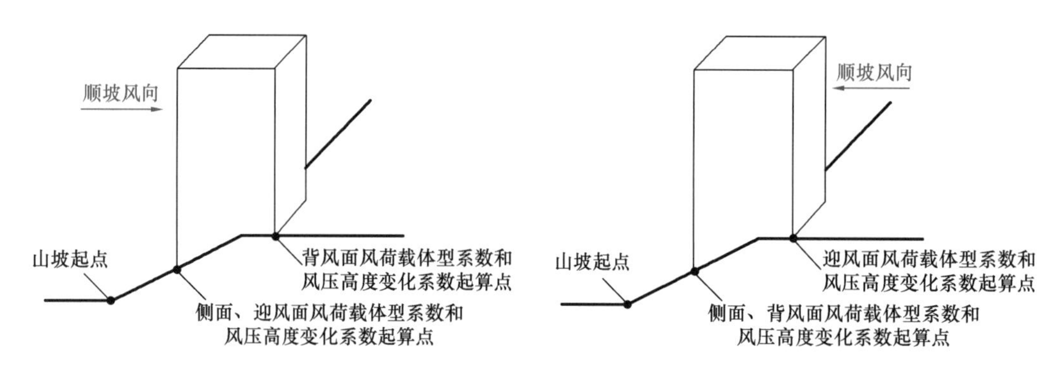

a. 顺坡风向情况

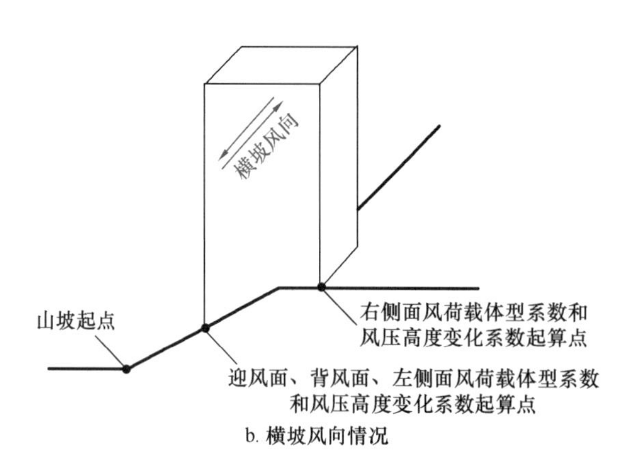

b. 横坡风向情况

图 5.58　风荷载作用方向

问题【5.59】

问题描述：

对于高宽比较大或核心筒偏置的高层建筑，设计师易忽视风荷载作用下剪力墙的受拉情况。

原因分析：

高层剪力墙结构在承受水平力作用时，墙肢在某些工况下会出现受拉状态，当拉应力大于混凝土抗拉强度时，剪力墙墙体出现受拉裂缝，此时剪力墙的水平受剪承载力下降，从而造成内力重分布。

应对措施：

结构计算时，应检查风荷载作用下竖向构件的受拉情况，若拉应力大于混凝土抗拉强度时，则应调整相关结构布置和参数或考虑受拉混凝土开裂后刚度退化的影响进行结构分析。

问题【5.60】

问题描述：

高层建筑出屋面的幕墙高度较高，支撑幕墙的结构体系采用悬臂框架的形式，但是幕墙风荷载的计算与主体结构风荷载计算有较大不同，造成支撑幕墙的主体结构承载力偏于不安全。

原因分析：

出屋面幕墙风荷载的体型系数应按独立墙取值，根据《建筑结构荷载规范》GB 50009—2012，风荷载取增大系数 1.25，即 1.3×1.25＝1.625。主体结构计算时，风荷载体型系数为 0.8 或 －0.5，二者差别较大。

应对措施：

对于突出屋面的幕墙的支撑构件，计算风荷载时体型系数应取±1.625。

问题【5.61】

问题描述：

框支梁上部墙体、端柱或翼墙结构超筋现象严重。

原因分析：

可能原因是程序计算时施工加载次序为逐层加载，未计临时支撑及上部墙体刚度的影响。一般情况，施工期间框支梁及上部 2 层混凝土达到强度方可拆除底部临时支撑。

应对措施：

计算分析时，可将框支及以上 2 层设为同一施工单元，可得到较合理的结构内力。

问题【5.62】

问题描述：

地下室顶板等处，梁两侧板面标高相差较大时，计算分析常常未考虑高差的影响，导致未分析和处理此梁实际可能的受扭问题。

原因分析：

一般计算分析模型难以准确模拟楼盖局部存在高差的实际受力情况，设计人员应评估其影响。

应对措施：

对楼盖局部存在高差的情况，可采用近似分析的方法，并适当加强存在高差处梁的抗扭配筋。

问题【5.63】

问题描述：

对大跨度楼盖，未进行竖向振动频率与舒适度分析。

原因分析：

楼盖竖向振动频率与人行走频率接近时，将引发共振，使用者会感到不安或恐慌，精密仪器无法正常运行。当出现楼盖振动舒适度缺陷后，修补的技术难度大、费用高。

应对措施：

1）进行楼盖竖向振动频率分析，控制混凝土楼盖竖向振动频率不宜小于3Hz或钢-混凝土组合楼盖竖向振动频率不宜小于4Hz。

2）若楼盖竖向振动频率达不到上述标准，则应合理选择步行激励荷载、频率及阻尼比等，进行楼盖舒适度分析与验算，其限值可详相关规范。

问题【5.64】

问题描述：

伸臂桁架、环带桁架或转换桁架分析设计时，未考虑楼板刚度退化的影响，使设计偏于不安全。

原因分析：

普通楼板是带裂缝工作的，但开裂后刚度退化，导致相关构件内力变大。

应对措施：

对于伸臂桁架、环带桁架或转换桁架等较为重要的构件，分析设计时，应考虑相关楼板刚度退化的影响，或者忽略相关楼板的作用，以使设计偏于安全。

问题【5.65】

问题描述：

在框架-剪力墙结构体系中，框架柱在计算模型中按照墙肢输入和设计。

原因分析：

框架-剪力墙结构设计时，框架柱的剪力应做调整。另外，框架柱设计时应考虑双向弯矩的作用及稳定系数的影响，故框架柱与剪力墙两者的设计方法相差较大。

应对措施：

当竖向构件的肢长与厚度之比小于3时，应按框架柱进行设计；当竖向构件的肢长与厚度之比介于3～4时，宜按框架柱进行设计。

问题【5.66】

问题描述：

在超高层建筑中，剪力墙总截面面积较大程度地变小，但设计时未予重视或无相应措施。

原因分析：

在超高层建筑中，剪力墙总截面面积较大程度地变小，将造成结构楼层刚度在该位置形成突变，导致结构在截面突变位置楼层及附近楼层地震反应加剧而产生危害，附近楼层的变形及内力过分集中。

应对措施：

1）应合理选取计算振型数或采用弹性时程分析进行结构分析，以反映高振型的影响及鞭梢效应的影响。

2）根据分析结果中最不利内力及经验，对于抗侧刚度突变的上、下层楼盖及相关竖向构件，采取相应的加强措施。

问题【5.67】

问题描述：

采用柱净高 H_n 与柱截面高度 h 的比值大小来区分长柱与短柱，导致判断结果有误。

原因分析：

短柱概念是针对地震效应提出来的。在地震作用下，钢筋混凝土短柱有可能出现剪切的破坏模式，其模式是脆性的而非延性的，故设计时应当尽量避免短柱的出现。与剪切破坏模式直接相关的因素是结构所受的地震作用而非构件的几何尺寸。

应对措施：

应根据地震作用下柱弯矩图的反弯点来判断是否为短柱。实际工程中，梁与柱的线刚度比往往较小，柱的反弯点会偏离柱中点，甚至层高范围都不会出现反弯点。因此按截面尺寸判断是否为短柱只是初步判断，而根据短柱的力学定义即剪跨比 $\lambda \leqslant 2$ 来判断才是最合理的判别方法。其中，$\lambda = M/(Vh_0)$，M 为柱上、下端考虑地震组合弯矩设计值的较大值，V 为与 M 对应的剪力设计值，h_0 为 V 对应的柱截面有效高度。另外应注意，柱剪跨比应进行双向计算及判断。

问题【5.68】

问题描述：

在高层建筑的底部区域，抗震等级一、二、三级的框架节点核心区常出现受剪承载力不足，验算难以通过，有时框架柱的边、角柱会出现节点抗剪箍筋特别大的情况，远大于柱端箍筋的计算值，如何处理？

原因分析：

影响框架梁柱节点核心区受剪承载力的主要因素是核心区截面有效验算宽度 b_j 及梁的约束影响系数 η_j（详见《建筑抗震设计规范》GB 50011—2010 附录 D），而 b_j、η_j 均与梁柱截面的宽度比有关。在高层建筑的底部区域，由于框架柱截面面积较大，当采用的框架梁截面宽度相对较小时，b_j 和 η_j 数值均较小，节点核心区受剪承载力不足，在结构边、角部位的梁柱节点核心区尤为明显。

应对措施：

提高框架梁柱节点核心区受剪承载力的途径很多，通常的方法是加大框架梁对梁柱节点的约

5

束，可直接加大框架梁的截面宽度或在框架梁的端部设置水平加腋（即在框架梁的宽度方向加腋）；也可在节点区柱内设置短型钢，以提高节点区的受剪承载力。

问题【5.69】

问题描述：

楼、电梯间中的剪力墙在架空层等层高较大的部位，其稳定性不满足要求。

原因分析：

对楼、电梯间中的剪力墙，当架空层等部位层高较大时，由于分析模型未计入楼梯板的作用，剪力墙平面外稳定性超限。

应对措施：

1）考虑楼梯板的作用，对楼、电梯间中的剪力墙，采用屈曲分析进行稳定性分析，若其对应屈曲模态的屈曲因子大于10，则认为其稳定性满足要求，否则应调整相关构件的截面。

2）采取相应加强措施。如将楼梯板的钢筋锚入相关剪力墙内，以加强楼梯板与相关剪力墙的连接（图5.69）。

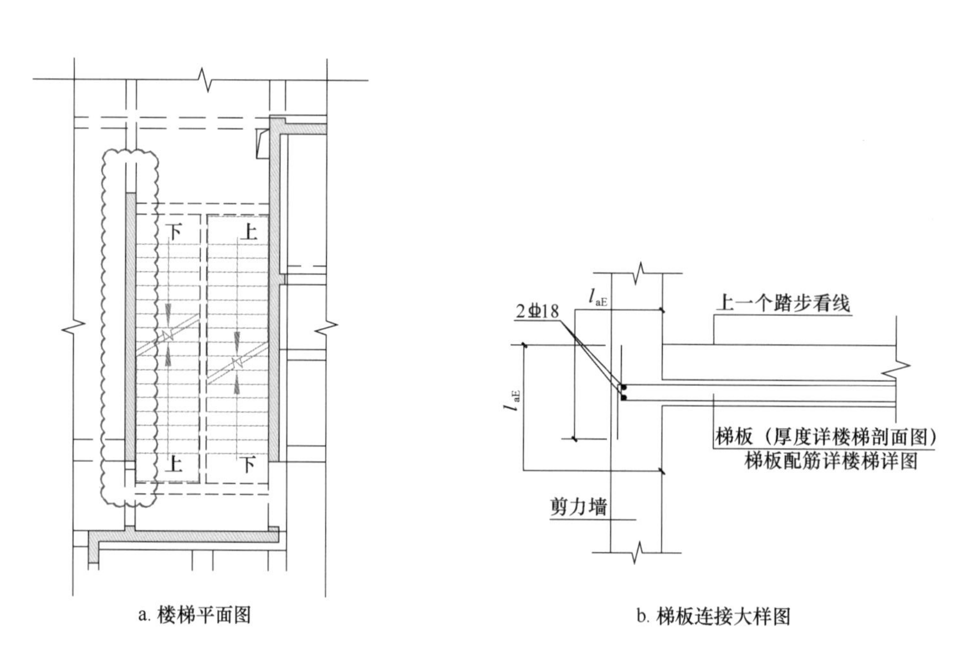

图5.69　结构平面布置图局部

问题【5.70】

问题描述：

无梁楼盖分析时，采用虚梁导荷方式导致柱内力不正确。

原因分析:

无梁楼盖属于板柱结构，但由于楼板建模时一般采用虚梁加板的方式，若板的属性和导荷方式未特殊设置而采用程序默认的方式，软件将按虚梁路径进行导荷计算，导致结果不正确。

应对措施:

对无梁楼盖，应采用壳单元进行计算分析。同时，把柱上板带模拟为梁，手算配筋并与有限元计算结果进行包络设计。

问题【5.71】

问题描述:

框架短梁两侧框架柱轴向压缩变形差较大（如，主塔楼和裙房之间较短的楼面框架梁），经常出现竖向荷载下超筋严重。

原因分析:

对主塔楼和裙房之间较短的楼面框架梁，由于主楼和裙房竖向构件压缩差异较大，而短梁线刚度也相对较大，引起该位置梁在竖向变形作用下剪力和弯矩远超其承受的楼面荷载和水平荷载引起的内力，加大梁截面无法解决问题，设计困难。

应对措施:

1）尽量不设置此短梁。

2）在施工期间设置局部沉降后浇段（带），并做好相关范围内的竖向支撑，释放上部竖向荷载形成期间的变形差，以减小短梁的内力。

问题【5.72】

问题描述:

对图5.72所示常见的分叉柱，在当前常规结构分析软件的模型中，均按两根独立的杆件进行分析，造成刚度与质量重复计算及内力的计算错误。

原因分析:

分叉柱在相交的部位，其实际截面在大多数情况下小于两个柱的面积之和，但当前常规结构分析软件无法处理这样的实际情况，导致刚度和配筋计算上均存在较大误差。

应对措施:

1）采用杆系模型分析时，按实际截面相交关系对重叠部分杆件的刚度进行折减；在配筋设计时，应采用重叠部分两杆件内力的合力校核实际断面承载力。

2）对上述情况，采用杆系模拟实际上是不合理的，故对其节点及杆件重复的部分，宜考虑钢筋及型钢的作用，采取弹塑性实体有限元进行承载力验算。

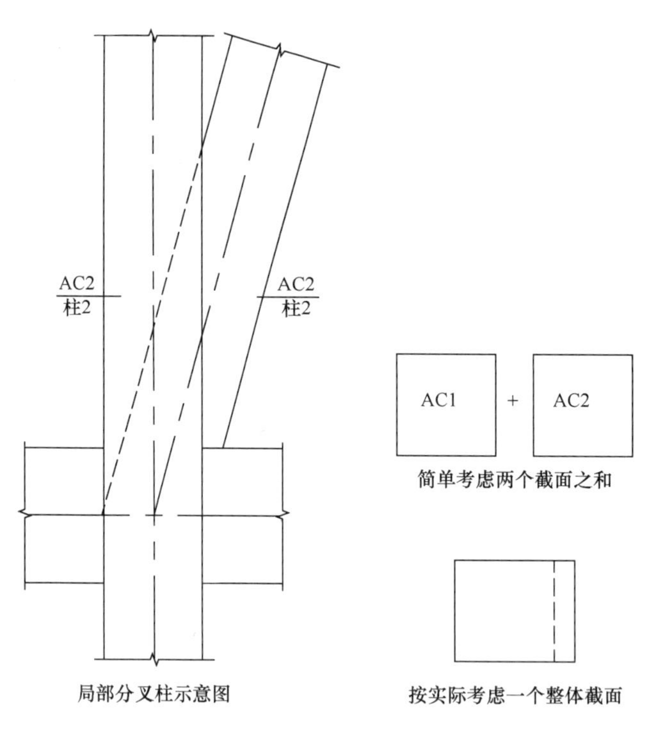

图 5.72　分叉柱结构局部图

问题【5.73】

问题描述：

对穿层斜柱，施工模拟时，未考虑其合理的施工工序，可能计算出不合理的内力和配筋。

原因分析：

施工模拟时，穿层斜柱如按楼层分段激活，则导致穿层斜柱成为悬臂构件，进而出现穿层构件弯矩偏大的不合理现象。

应对措施：

按楼盖及其以下直接相关竖向构件作为同一施工单元的原则，将穿层斜柱与其最高楼层作为同一施工单元。

问题【5.74】

问题描述：

对框架梁支座负筋，实配钢筋面积超出计算值较多，而梁箍筋和柱配筋值与计算值差异较小。

原因分析：

配筋设计时，由于人工干预等原因，导致框架梁支座负筋实配钢筋面积超出计算值较多，此时若梁箍筋和柱配筋没有及时同步调整，则会形成“强梁弱柱、强弯弱剪”，违背抗震设计原则，对抗震不利。

应对措施：

应按照“强柱弱梁、强剪弱弯”的抗震设计原则进行配筋设计，若局部梁端配筋较大，则适当加大梁端箍筋及相应的柱配筋，并注意梁支座负筋配筋率是否超出2.0%，若超出，则箍筋直径应增大2mm，且需要复核底面和顶面纵向钢筋配筋量的比值是否满足规范要求。

问题【5.75】

问题描述：

铰接H型钢梁承受轴向力时，如果不复核铰接节点承载力，则设计可能存在安全问题。

原因分析：

H型钢梁铰接设计时，一般只连接腹板，但在承载力计算时，一般结构软件是按全断面进行承载力复核；而常见的H型钢截面腹板占全断面面积为35%～45%，因此软件设计结果偏不安全。

应对措施：

对于承受轴向力的H型钢梁，宜采用刚性连接；若采用铰接连接，则应补充验算节点承载力。

问题【5.76】

问题描述：

H型钢梁螺栓铰接连接设计时，只考虑了楼面钢梁的剪力，而忽略了轴向力的存在，导致螺栓连接设计偏于不安全。

原因分析：

若楼面钢梁存在轴向力，则节点的螺栓受到双向作用力，其等效应力更大一些，也即更危险一些。

应对措施：

H型钢梁螺栓铰接连接设计时，应同时考虑楼面梁的剪力和轴向力，并按矢量合成后的力复核螺栓受剪承载力。

问题【5.77】

问题描述：

2003版《钢结构设计规范》GB 50017—2003第11.1.2条规定，在钢梁-混凝土板组合楼盖组合梁设计时，为了考虑相关楼板的作用，梁单侧混凝土翼缘板宽取梁跨的1/6，翼缘板厚的6倍和相邻梁净距$S_n/2$的较小值；而新版《钢结构设计标准》GB 50017—2017第14.1.2条中对钢梁单侧混凝土翼缘宽度取消了与翼缘板厚关联的规定，在不少情况下存在安全隐患。

原因分析：

考虑常见的Q345B钢梁H450×200×9×14，钢梁间距一般约为3.2m，如梁跨为10m，采用

5

板厚 120mm，压型钢板波高按 52mm 考虑，有效受压高度为 68mm；按《钢结构设计规范》GB 50017—2003，受压翼缘宽度为 b_e＝1016.0mm；按《钢结构设计标准》GB 50017—2017，受压翼缘宽度为 b_e＝3000mm，单侧外伸宽度为 1500mm，1500/68＝22，即混凝土外伸翼缘的宽厚比为 22。

由于组合梁设计是按全截面塑性考虑，即在外伸翼缘宽厚比达 22 时，外伸翼缘仍按均匀达到混凝土受压强度设计值。《钢结构设计标准》GB 50017—2017 从钢梁自身角度出发，按塑性设计的钢梁，其翼缘宽厚比应采用 S1 级（宽厚比应满足 $9\varepsilon_k$＝7.43）；钢梁翼缘需要满足宽厚比小于 7.43 才能考虑全截面塑性，当翼缘宽厚比为 S4 级（$15\varepsilon_k$＝12.37）时，钢梁翼缘应力只能按边缘纤维到达设计值考虑；而混凝土受压翼缘通过栓钉传递剪力，到最后翼缘全部达到混凝土抗压强度设计值，反而可以达到 22，存在明显不合理现象。

《钢结构设计规范》GB 50017—2003 翼缘外伸宽度与有效翼缘厚度之比不超过 6，与钢材全断面塑性自身要求 7.43 较为接近；《混凝土结构设计规范》GB 50010—2010 第 5.2.4 条中，混凝土梁受弯构件受压区有效翼缘计算宽度单侧宽厚比为 6。

应对措施：

建议组合梁设计时，其有效翼缘宽度的取值按梁单侧混凝土翼缘板宽取梁跨 1/6，翼缘板厚的 6 倍和相邻梁净距 $S_n/2$ 的较小值。

问题【5.78】

问题描述：

由于直接将 YJK 模型导入 Sausage 弹塑性分析软件，此时构件配筋不能准确导入到弹塑性模型中，导致构件的弹塑性模型失真。

应对措施：

对于用 YJK 软件建模计算的项目，导入 Sausage 软件前建议先导入 PKPM 计算完成并保证构件配筋正确后，再转换成 Sausage 弹塑性模型。

问题【5.79】

问题描述：

弹塑性模型与弹性模型在进行结构特性对比分析时，其动力特性的结果相差较大。

原因分析：

由于多方面原因，弹塑性模型跟原弹性模型的模态周期差异大，结构刚度等不一致，导致后续弹塑性计算结果精度不高，无法进行相对准确的弹塑性分析。目前一般将周期作为模型一致性判别的主要依据，与结构的质量和刚度有关。质量、刚度的不一致都将对周期产生影响。

应对措施：

1）应首先对比两个模型的总质量，如果其偏差过大，则周期对比将失去意义。

2）在总质量基本一致的前提下，再对比周期。

3）对刚性楼板假定、中梁刚度放大系数以及连梁刚度折减系数等，在进行弹塑性分析时一般不予考虑，而按照真实情况进行模拟，故建议在进行模型对比时，弹性分析模型中也不考虑这些参数。

问题【5.80】

问题描述：

动力时程分析过程中提示模型不收敛，发散导致计算中断。

原因分析：

计算模型有错误提示或警告信息、网格的划分质量差等都将影响计算模型的收敛性。

应对措施：

1）如果动力分析开始即提示发散，建议首先利用程序自带的检查模型功能，查看是否有错误和警告信息。

2）如果动力分析过程中提示发散，可能由于结构局部损伤过于严重，需要定位到模型局部位置，查看是否需要对模型进行修改。

3）网格质量太差也可能影响计算收敛性，需找到相应位置，适当提高网格数量或减小网格尺寸，优化此部位的网格单元划分。

问题【5.81】

问题描述：

大震弹塑性与小震弹性基底剪力比值是否合理。

原因分析：

通常，罕遇地震作用下，结构部分构件进入塑性耗能阶段，可以吸收一部分能量，等同于提供给结构附加的阻尼比，导致地震作用减小。另一方面，结构刚度退化以后，周期增加，也会导致地震作用减小。

但是对于弹塑性时程分析而言，其内在机理十分复杂，且每一条地震波又有其特殊性，所以在一些工程中偶尔会出现弹塑性基底剪力大于弹性基底剪力的情况。这可能是地震波能量谱在某个周期段内变化较为剧烈，而结构主要周期位于该周期段内，结构局部进入塑性使得周期增加导致结构总输入能迅速增加，而结构此时变形以弹性变形为主，塑性耗能较少，导致弹塑性基底剪力大于弹性基底剪力。即结构的基本周期与地震波的主要成分重合或接近时，会引起结构的共振，导致弹塑性基底剪力大于弹性基底剪力。

大震弹性和小震弹性基底剪力的比值不恒定为6倍，而是与设防烈度有关系。

一般认为，弹塑性和弹性基底剪力相比，降低的幅度与结构的刚度退化有直接关系，即刚度退化越多，则基底剪力降低得越多。而结构的损伤情况一般与设防烈度有很大关系，设防烈度高的地区相较设防烈度低的地区，结构损伤会更严重。因而高烈度地区大震弹塑性与大震弹性基底剪力的比值相较于低烈度地区会偏小。

应对措施：

大震弹塑性与小震弹性基底剪力之比满足 3～5 倍并不是普适的规律。相较于大震弹塑性和小震弹性基底剪力的比值，大震弹塑性和大震弹性基底剪力比值更有意义（尽管二者本质上是统一的），可以将该比值作为结构整体刚度退化程度的量度。

问题【5.82】

问题描述：

如何评价大震作用下构件的损坏程度？

原因分析：

设计人员不能将构件的损伤因子及塑性应变等与损坏程度进行关联。

应对措施：

在 Sausage 软件中，构件的损坏主要以混凝土的受压损伤因子、受拉损伤因子及钢材（钢筋）的塑性应变程度作为评定标准，其与《高层建筑混凝土结构技术规程》JGJ 3—2010 中构件的损坏程度对应关系如表 5.82 所示。

构件损伤情况判别 **表 5.82**

结构构件	损坏程度				
	无损坏	轻微损坏	轻度损坏	中度损坏	比较严重损坏
杆单元梁、柱、斜撑	完好	混凝土开裂，或钢材塑性应变 0～0.004	钢材塑性应变 0.004～0.008	钢材塑性应变 0.008～0.012，或混凝土受压损伤<0.1	钢材塑性应变>0.012，或混凝土受压损伤>0.1
剪力墙、壳单元模拟的连梁	完好	混凝土开裂，或钢材（含分布筋及约束边缘构件钢筋）塑性应变 0～0.004	混凝土受压损伤小于 0.1 且损伤宽度小于 50%横截面宽度，或钢材塑性应变 0.004～0.008	混凝土受压损伤小于 0.1 且损伤宽度大于 50%横截面宽度，或混凝土受压损伤 0.1～0.5 且损伤宽度小于 50%横截面宽度，或混凝土受压损伤大于 0.5 且损伤宽度小于 20%横截面宽度，或钢材塑性应变 0.008～0.012	混凝土受压损伤 0.1～0.5 且损伤宽度大于 50%横截面宽度，或混凝土受压损伤大于 0.5 且损伤宽度大于 20%横截面宽度，或钢材塑性应变大于 0.012
混凝土楼板	同剪力墙，但楼板横截面宽度取楼板短边长度				

问题【5.83】

问题描述：

使用有限元软件对跃层柱、墙长度进行屈曲分析时，需要从众多屈曲模态中鉴别出具体构件的屈曲模态，耗时费力。

原因分析：

因整体结构同时计算屈曲模态，整体屈曲模态较多，一些构件也会更早发生失稳屈曲，而跃层柱的屈曲模态可能较晚出现。

应对措施：

一般可在整体计算模型中，将一对大小相等、方向相关的集中力施加到需要进行屈曲分析的构件顶、底端，对整体模型进行该力对应工况的屈曲分析，从而能有效、直观地得到相应构件的屈曲模态及屈曲因子。

问题【5.84】

问题描述：

采用 MIDAS/Gen 和 SAP2000 进行屈曲分析时，模型多由 YJK 转化而来，在屈曲分析时常常发现跃层柱在跨层范围的中间楼层位置出现反弯点，与实际不符。

原因分析：

从 YJK 转换的模型，在跨层范围的中间楼层的位置有刚性楼板节点约束，限制了柱的变形。

应对措施：

删除跨层柱中间楼层的刚性楼板节点约束。

问题【5.85】

问题描述：

采用单位力法屈曲分析完成后，第一屈曲模态不是竖向构件的屈曲模态，而是楼板的屈曲模态。

原因分析：

分析模型中的楼板采用了较为精细的单元划分或者采用了弹性模，或者局部梁板竖向刚度较弱。

应对措施：

对柱影响较小位置的楼板可采用较粗网格划分或刚性楼板约束。

问题【5.86】

问题描述：

节点分析时，不知如何选择节点区构件长度。

原因分析：

节点分析一直困扰设计人员的主要问题是构件截取长度的取值，它不仅反映节点的真实性，也体现边界条件施加的准确性（图 5.86）。

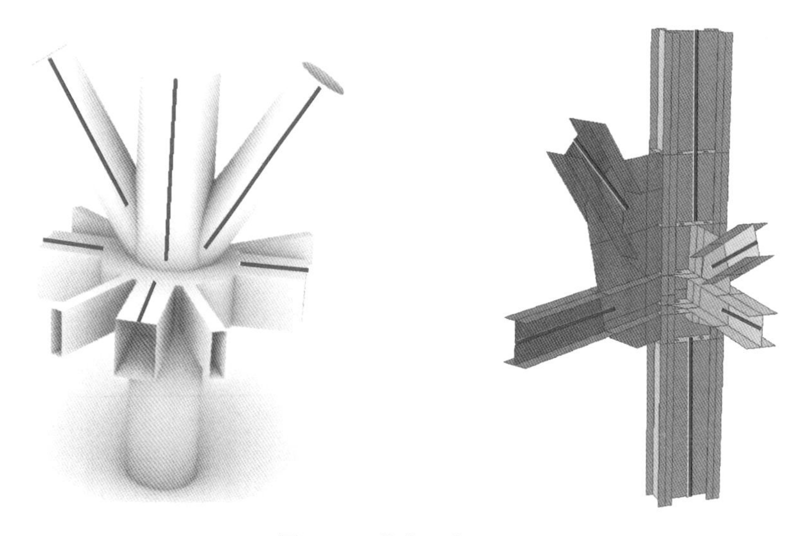

图 5.86　节点示意图

应对措施：

理论上来说，若结构全部采用实体元分析时，从节点区出发，在杆件某点，实体元模型所得内力与杆系模型所得内力相差足够小，则此点可作为节点分析模型杆件截取处。依据此原则，实际做法可从构件相交点往外一小段距离截取杆件即可，这一小段距离可取截面高度的 2 倍。

问题【5.87】

问题描述：

采用现浇钢筋混凝土梁板结构时，楼板采用“弹性板 6”模拟，使梁的计算配筋减少，以致影响结构安全。

原因分析：

“弹性板 6”假定采用壳单元真实地计算楼板的面内刚度和面外刚度，从理论上讲，“弹性板 6”假定是最符合楼板真实受力情况的，可以应用于任何工程，但由于采用“弹性板 6”假定分析时，部分竖向楼面荷载将通过楼板的面外刚度直接传递给竖向构件，同时自身也分担了梁的部分弯矩，使梁弯矩减小，导致梁配筋减小。但板配筋时，并未按梁板协同分析的内力进行配筋。

应对措施：

对于普通现浇钢筋混凝土梁板结构，一般采用刚性楼板进行建模计算；若为楼板大开洞、狭长楼盖、转换结构时，可采用弹性膜进行模拟计算。

问题【5.88】

问题描述：

对凸出屋面的屋顶构架、设备用房、楼/电梯间，是否必须满足扭转位移比的要求？

原因分析：

规范对这种情况未作明确规定，在设计过程经常会遇到凸出屋面的框架扭转位移比不满足规范要求的情况。

应对措施：

根据广东省标准《高层建筑混凝土结构技术规程》DBJ 15—92—2013 第 3.5.9 条，凸出屋面的建筑抗震设计时应考虑高阶振型的影响。条文说明中解释凸出屋面的建筑可以带入整体模型也可不带入，但未设置具体限制条件。建议当凸出屋面的建筑相对主体建筑屋面质量和高度都小很多时，主体结构计算时可以不带入此凸出部分，但对主体塔楼的影响需计入，此时凸出屋面的框架可以不控制扭转位移比。当凸出主体结构的屋面塔楼较大、层高较高时，则属于复杂结构，整体计算时需带入一起分析，此种情况需满足扭转位移比的要求，但可适当放宽其要求。

问题【5.89】

问题描述：

混凝土核心筒-型钢混凝土柱（钢管混凝土柱）-钢梁混合结构，楼板采用钢筋桁架楼承板，中梁刚度放大系数仍按混凝土结构取值。

原因分析：

钢梁是靠抗剪件和混凝土板连接在一起，整体性不如整浇的混凝土梁板。

应对措施：

对混合结构中的钢梁混凝土楼板（钢筋桁架楼承板或压型钢板）体系，中梁的刚度调整系数应按《高层民用建筑钢结构技术规程》JGJ 99—2015 第 6.1.3 条取值，取 1.2～1.5。

问题【5.90】

问题描述：

柱进行 $0.2V_0$ 调整时应调整哪些内容？柱轴力是否调整？与柱相连的框架梁端 M、V 是否调整？

原因分析：

国家标准《高层建筑混凝土结构技术规程》JGJ 3—2010 第 8.1.4 条规定，应按调整前、后总剪力的比值调整每根框架柱和与之相连框架梁的剪力及端部弯矩标准值，框架柱的轴力标准值可不予调整。广东省标准《高层建筑混凝土结构技术规程》DBJ 15—92—2013 第 8.1.4 条第 2 款规定，应按调整前、后总剪力的比值调整每根框架柱的剪力及端部弯矩，框架柱的轴力及与之相连的框架梁端部弯矩、剪力可不调整。两部标准对调整的内容规定差异在于与之相连的框架梁端部弯矩、剪力是否调整。

应对措施：

框架柱的配筋一般为构造配筋，调整弯矩和剪力后，其实际承载能力未必会得到提高；而框架梁弯矩、剪力随之调整后，其配筋会明显加大，实际承载能力会显著提高，这与“强柱弱梁”的抗震设计思想相违背。故可按广东省《高层建筑混凝土结构技术规程》的方法进行柱端弯矩、剪力的调整，柱轴力及框架梁端剪力、轴力可不予调整。

问题【5.91】

问题描述：

框架-剪力墙结构中，单片剪力墙底部承担的剪力大于结构底部总剪力墙的30%，违反《高层建筑混凝土结构技术规程》JGJ 3 -2010 第 8.1.7 条。

原因分析：

个别剪力墙太长，其他剪力墙数量少且长度短，导致个别剪力墙承担的地震剪力、倾覆力矩太大，超过规范限值。

应对措施：

1）减弱该剪力墙的刚度，如将该剪力墙长度减短或在墙上开洞形成连肢剪力墙。
2）增加其他剪力墙的刚度。

问题【5.92】

问题描述：

带多层裙房的高层结构刚重比的计算：某办公楼，位于6度区，结构高245.9m，下设9层裙房，裙房与主塔楼未设结构缝，主塔楼高宽比7.0，核心筒高宽比18.5，软件计算刚度比1.27，不能通过《高层建筑混凝土结构技术规程》JGJ 3—2010 第 5.4.4 条的整体稳定验算。

原因分析：

规范刚重比公式的来由：按倒三角荷载作用下、刚度均匀、质量均匀的结构，把高层建筑简化为竖向悬挑构件，控制重力二阶效应增量不超过10%得出。实际上：
1）带多层裙房的高层结构下部质量较大，不符合质量均匀的假定。
2）地震作用的每层地震力与倒三角荷载有较大不同。
3）高层建筑一般下部刚度大，上部刚度小。
以上三点均与刚重比简化计算假定有较大不同。

应对措施：

1）按每层实际荷载对顶部等效临界荷载进行修正。
2）地震作用按实际每层地震作用取值。
3）刚度按结构顶点位移相等的原则，将结构的侧向刚度折算为竖向悬臂受弯构件的等效侧向刚度；根据以上质量、刚度、水平力的修正值，重新计算刚重比。

问题【5.93】

问题描述：

在住宅、公寓及酒店设计时，若在板边角设置卫生间沉箱，一般高差为0.3～0.4m，形成折板，应如何分析及如何加强？

原因分析：

由于建筑使用功能的要求，折板处无法布置梁，形成折板，影响了板的整体性，在软件计算中无法模拟。

应对措施：

对于存在折板的跨度较大的楼板，应进行有限元分析，楼板采用壳单元进行模拟，通过有限元计算结果来确定楼板的加强措施。

问题【5.94】

问题描述：

坡屋面建模计算，闷顶层按一层建模，坡屋顶采用降节点高也按一层建模，计算结果显示第2层和第4层的刚度比异常（如出现比值*0.01*）。计算模型和刚度计算结果如图5.94-1、图5.94-2和表5.94-1、表5.94-2所示。

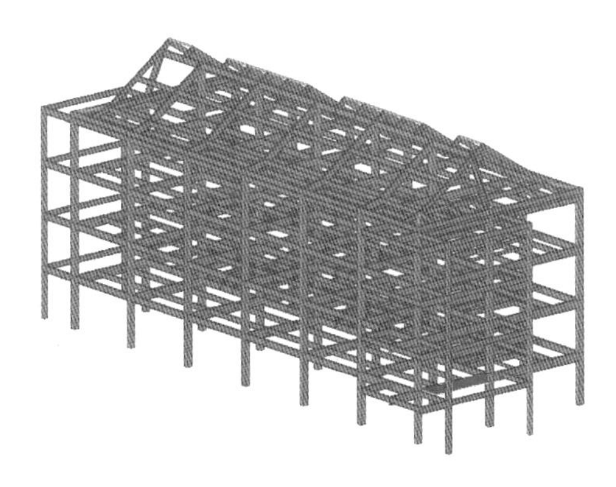

图5.94-1　坡屋顶三维计算模型

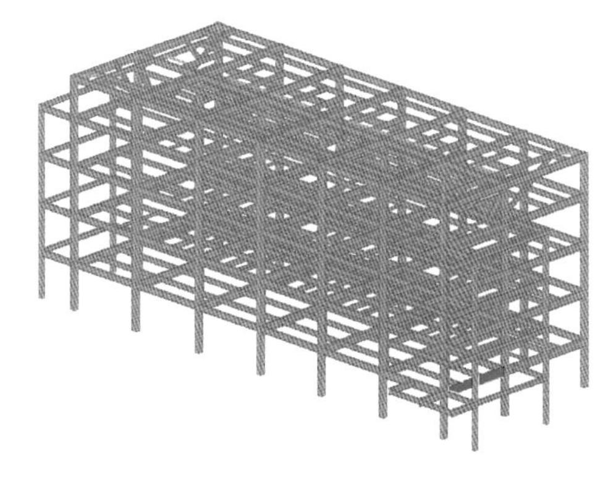

图5.94-2　平屋顶三维计算模型

坡屋顶楼层侧向剪切刚度及刚度比　　表5.94-1

层号	RJX (kN/m)	RJY (kN/m)	Ratx	Raty	Ratx1	Raty1
5	1.06e+8	1.06e+8	146.24	146.24	1.00	1.00
4	7.22e+5	7.22e+5	1.00	1.00	*0.01*	*0.01*
3	7.22e+5	7.22e+5	1.00	1.00	1.43	1.43
2	7.22e+5	7.22e+5	1.00	1.00	*0.03*	*0.03*
1	7.22e+5	7.22e+5	1.00	1.00	1.25	1.25

平屋顶楼层侧向剪切刚度及刚度比　　表 5.94-2

层号	RJX (kN/m)	RJY (kN/m)	Ratx	Raty	Ratx1	Raty1
5	1.20e+6	1.20e+6	1.66	1.66	1.00	1.00
4	7.22e+5	7.22e+5	1.00	1.00	*0.86*	*0.86*
3	7.22e+5	7.22e+5	1.00	1.00	1.43	1.43
2	7.22e+5	7.22e+5	1.00	1.00	1.02	1.02
1	7.22e+5	7.22e+5	1.00	1.00	1.25	1.25

原因分析：

坡屋面实际受力近似于空间结构，坡屋面会对外框架形成拱效应，顶层侧向刚度较大，使得下一层形成薄弱层，导致侧向刚度比结果异常。

应对措施：

闷顶无层的概念，可将闷顶视为屋架，不控制刚度比。

问题【5.95】

问题描述：

跨层的转换桁架或者大悬挑的跨层桁架，与整体模型一起计算时未能考虑其合理的施工工序，导致内力与变形分析结果错误。

原因分析：

跨层桁架如按楼层分段建模，而施工模拟工序为逐层形成刚度，导致跨层桁架不能整体受力，进而出现受力不合理的现象。

应对措施：

设计时，应把跨层桁架作为一个整体，指定为同一施工工序进行计算。

问题【5.96】

问题描述：

结构分析模型中，角柱定义错误。

原因分析：

角柱是双向偏心受力构件，为平面角部受 X、Y 向地震力均较大的柱，一般情况下，角柱的双向均有框架梁与之相连接。若未对角柱进行双向配筋设计，则角柱不安全。

应对措施：

软件自动识别角柱时，对有挑梁的角柱经常未识别为角柱，设计时应予以纠正；且按《高层建筑混凝土结构技术规程》JGJ 3—2010 第 6.4.6 条进行设计，一、二级抗震框架角柱箍筋应全高加密。

问题【5.97】

问题描述：

设计人员未修改杆件长度系数，空间桁架结构未按实际受力长度验算平面外稳定，将杆件节点之间的距离取为计算长度去验算杆件平面内、外稳定，导致存在平面外稳定不足的问题（图5.97）。

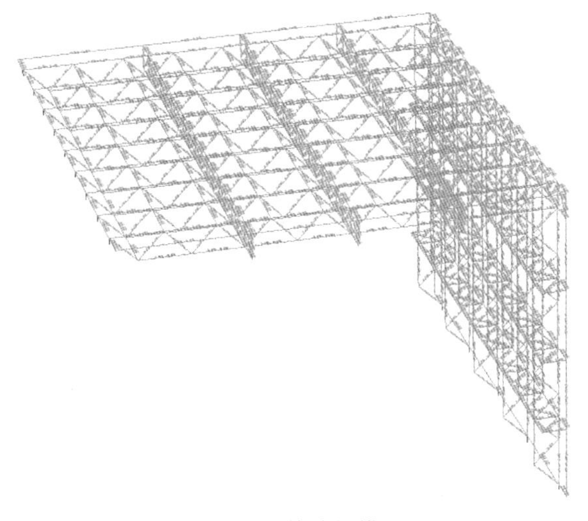

图5.97　计算分析模型

原因分析：

对钢结构稳定性验算不重视，或对杆件平面外计算长度的取值理解不清晰。

应对措施：

根据杆件的约束情况，尤其对桁架平面外的情况，应手工复核杆件的计算长度。若发现问题，则应在程序中修改杆件的长度系数，并重新复核其稳定性。

问题【5.98】

问题描述：

根据《钢结构设计标准》GB 50017—2017第18.1.3条，当钢构件的耐火时间达到规定的设计耐火极限要求时，不需进行抗火性能验算，此理解是否正确？

原因分析：

按规范的字面意思理解是正确的，但一般情况下，无防火保护的钢构件耐火时间通长仅为15～20min，一般达不到规定的设计耐火要求，因此需要进行防火保护。

应对措施：

防火保护的具体措施，如防火涂料类型、涂层厚度等，应根据相应规范进行抗火设计来确定，以保证构件的耐火时间达到规定的要求，并做到经济合理。

问题【5.99】

问题描述：

部分楼层间存在局部夹层，若分析与设计不当，将影响相关位置结构柱的安全性。

原因分析：

对于局部的设备夹层，设计中往往按照夹层荷载考虑，未在整体计算模型中考虑夹层的影响，导致此部分柱计算内力偏小，影响结构安全。

应对措施：

1）应根据结构实际受力机制，将夹层结构计入整体分析模型，而不能简单地按荷载进行处理。

2）夹层设计时，尽量减小夹层对刚度比的影响。另外，夹层范围内的柱箍筋应全高加密，以提高其受剪承载力与延性。

问题【5.100】

问题描述：

软件分析剪力墙时，按直段墙肢输出内力。在判别L形、工字形或槽形剪力墙是否全截面受拉时，若仅依据墙肢输出的拉力，则可能存在误判的可能性。

原因分析：

仅依据各墙肢输出的内力来进行复杂剪力墙设计，将造成设计与判断错误，以致影响结构的安全性与经济性。

应对措施：

把L形、工字形或槽形剪力墙看成一片整体剪力墙，根据各墙肢的内力及力的合成法则，合成得到墙整体的内力，用以判别墙体是否真正存在全截面受拉。

问题【5.101】

问题描述：

在框架-核心筒结构中，部分外框架柱间未设置框架梁，将带来什么不利影响？

原因分析：

框架-核心筒结构外框周边设置边框梁，有利于增加结构的整体刚度尤其是抗扭刚度，有利于结构受力，有利于外框架很好地起到结构抗震二道防线的作用。另外，也可避免出现纯板柱节点，提高节点的抗剪、抗冲切性能。

应对措施：

一般情况下，尽量按“框架-核心筒结构的周边柱间必须设置框架梁”规定来执行。但由于建筑设计原因，部分外框架柱间不能设置框架梁时，由于涉及规范强制性条文，故应专门对此进行分析论证。即应进行结构性能化设计，并评估框架梁缺失的影响，以及采取相应的加强措施。

问题【5.102】

问题描述：

地下室连为一体，地上有几幢高层建筑，若结构嵌固部位设在地下一层底板，此结构是否属大底盘多塔结构？

原因分析：

大底盘多塔楼结构的主要特征：一个塔楼的受力与变形，通过裙房的作用，可影响相关塔楼的受力与变形。

应对措施：

对于多幢塔楼仅通过大面积地下室连为一体，每幢塔楼（包括带有局部小裙房）均用防震缝分开，使之分属不同的结构单元，一般不属大底盘多塔楼结构。

若地下室连为一体，地上有几幢高层建筑，因某些原因（如上、下层剪切刚度比不满足要求，或楼板有过大的开洞，或楼板标高相差很大等），将结构嵌固部位设在地下一层楼盖上，且塔楼之间受力与变形性能影响较小，在上述情况下，可不判定为大底盘多塔楼结构。

问题【5.103】

问题描述：

计算所得的层间抗剪承载力比小于0.8，但未采取加强措施。

原因分析：

设计人员对薄弱层的概念设计不熟悉。

应对措施：

应在程序总信息里选取“自动根据层间受剪承载力比值调整配筋”，且目标值设为0.8。

问题【5.104】

问题描述：

钢桁架在设计上、下弦时，考虑了楼板的抗拉刚度或者按刚性楼板设计，导致弦杆轴力偏小或不出现，造成安全隐患。

原因分析：

楼板受力后其面内刚度退化，难以与弦杆共同受力；另外，楼板配筋时，并未按梁板共同受力模型的结果进行配筋设计，故不宜考虑楼板对钢桁架上、下弦的作用。

应对措施：

建立另外一个计算模型，考虑楼板刚度全部退化或部分退化进行分析，并复核钢桁架上、下弦的承载力。

问题【5.105】

问题描述：

对超高层结构塔冠的计算，往往按荷载输入到顶层结构中，忽视了塔冠对整体结构的影响，影响塔冠及主体的结构安全。

原因分析：

塔冠的建筑形式往往改动较多，结构设计人员为了方便而不组装塔冠进入计算模型。

应对措施：

按建筑的实际情况将塔冠输入到总体模型中，采用振型分解法和弹性时程分析法对总体结构进行计算，复核与塔冠相连主体结构和塔冠构件的安全性。

问题【5.106】

问题描述：

某钢筋混凝土框架一核心筒结构，基础为桩基础，计算软件为盈建科（YJK），核心筒墙体开洞在建模时按洞口输入，在基础设计时，洞口位置软件默认为墙，导致承台冲切计算有误。

原因分析：

由于软件在基础设计时把洞口位置识别为墙，当桩布置在墙下时，承台不存在抗冲切的问题。

应对措施：

对软件计算结果应仔细判断，防止软件计算错误。在对承台进行分析时，与基础相连层的剪力墙洞口连梁按梁单元输入，使基础模块能识别正确的剪力墙位置，或通过手算进行复核。

问题【5.107】

问题描述：

未按规范规定计算焊缝，仅在图纸上注明焊缝“等强连接”。

原因分析：

未按照“强连接、弱构件”的原则进行设计。根据《建筑抗震设计规范》GB 50011—2010（2016年版）第8.2.8条的规定，钢结构抗侧力构件的连接（焊缝、螺栓等连接）计算应符合下列要求：钢结构抗侧力构件连接的承载力设计值，不应小于相连构件的承载力设计值；钢结构抗侧力构件连接的极限承载力应大于相连构件的屈服承载力。

应对措施：

根据《建筑抗震设计规范》GB 50011—2010（2016年版）第8.2.8条的条文说明，应对焊缝做两阶段设计。第一阶段，要求按构件承载力而不是设计内力进行连接计算，这是考虑设计内力较小时将导致焊缝的有效截面尺寸偏小，给第二阶段（极限承载力）设计带来困难；第二阶段应按照《建筑抗震设计规范》GB 50011—2010（2016年版）第8.2.8条进行连接计算。非抗震时，按《钢结构设计标准》GB 50017—2017的相关要求设计。

问题【5.108】

问题描述：

焊缝计算公式使用混淆。

原因分析：

焊缝计算时未根据其焊接形式和受力情况等选择对应的计算公式。

应对措施：

应根据焊缝形式及受力特点等，按照《钢结构设计标准》GB 50017—2017 第 11.2 条的要求，对全熔透对接焊缝、对接与角接组合焊缝、直角角焊缝、斜角角焊缝、部分熔透焊缝、塞焊焊缝等采用对应的计算公式。抗震设计时，尚应符合《建筑抗震设计规范》GB 50011—2010（2016 年版）的要求。

问题【5.109】

问题描述：

未考虑地下室楼盖较大洞口对附近地下室外墙受力的影响，造成相应地下室外墙受弯承载力不足，导致可能的外墙开裂与渗水（图 5.109）。

原因分析：

地下室外墙受力分析时，未仔细查看各处地下室外墙的支承条件是否相同，而按统一的支承条件进行计算与设计，导致附近有较大洞口的外墙内力计算偏小。

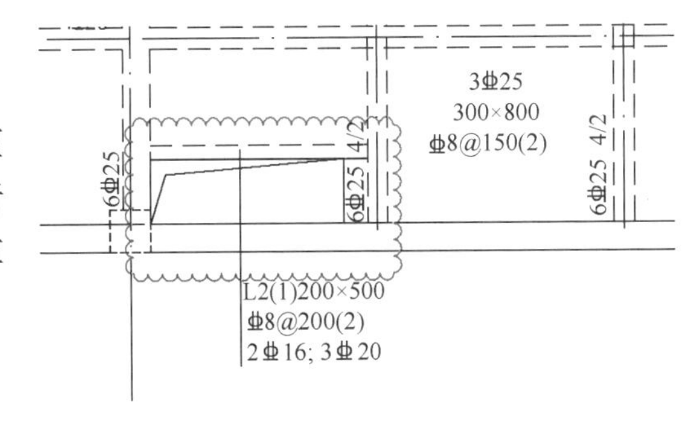

图 5.109　地下室外墙及附近洞口示意

应对措施：

应仔细阅读相应建筑平面图和结构平面图，判断地下室外墙附近的楼盖是否存在较大洞口。若是，则地下室外墙受力分析时，应考虑其附近较大洞口的不利影响，采用符合实际情况的模型来计算外墙内力，并采取相应的加强措施。

问题【5.110】

问题描述：

未考虑地下水对地下室桩承台或基础的作用。

原因分析：

设计人员对多工况分析与设计的做法掌握不透，以致设计柱或墙的桩承台时，其承台的冲切力、弯矩仅考虑桩反力的作用；设计柱或墙的天然基础时，其承台的冲切力、弯矩仅考虑地基反力的作用。

应对措施：

当桩承台或基础为地下室底板的一部分时，还应考虑地下水作用的工况。

问题【5.111】

问题描述：

地下室外墙设计时，未考虑施工堆载和消防车荷载的作用。

原因分析：

设计人员对地下室外墙的受力工况考虑不周，可能考虑了水、土侧压力的作用，但未考虑施工堆载及消防车道处消防车荷载引起的侧压力作用。

应对措施：

在设计地下室外墙时，应按规定考虑施工堆载的作用；应对照消防车道的布置图，检查地下室外墙是否受到消防车的作用，若是，则在设计相应处地下室外墙时应考虑消防车荷载的作用。值得注意的是，考虑消防车作用时，可不控制外墙的裂缝宽度。

问题【5.112】

问题描述：

对复杂体型的建筑，未按最大迎风面施加风荷载，导致风荷载取值偏小。

原因分析：

对图 5.112 所示的来风方向，一般情况下，结构分析软件按投影宽度 B 及用户输入的体型系数来计算风荷载；但本塔楼最大迎风面较为复杂，在图 5.112 所示来风方向上存在较多的迎风面与背风面，若按上述方法计算风荷载，显然将偏小。

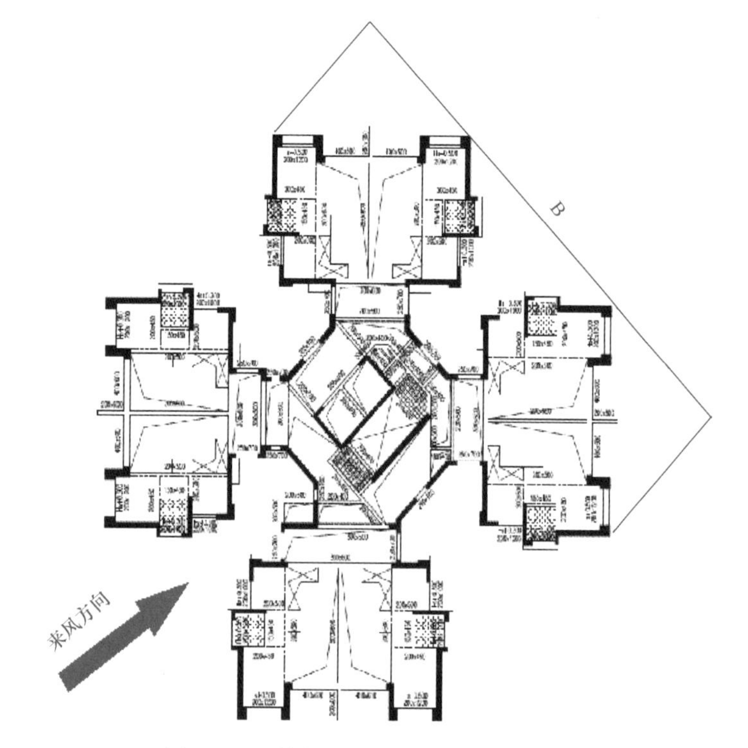

图 5.112 某住宅塔楼标准层平面图

应对措施：

对来风方向上存在较多迎风面与背风面的情况，应按最大迎风面输入相应的风荷载进行结构分析，或增加相应风荷载体型系数来进行结构分析。

问题【5.113】

问题描述：

当结构存在斜柱时（图5.113），未考虑相关混凝土构件全截面受拉开裂后刚度退化等因素的影响，使设计存在安全隐患。

原因分析：

设计人员对混凝土构件全截面受拉开裂后刚度退化的现象无清醒的认识。一旦混凝土构件全截面受拉且超过混凝土抗拉强度后，其刚度迅速退化，引起相关构件内力的重分布，即某些相关构件的内力会增加，可能导致结构不安全。

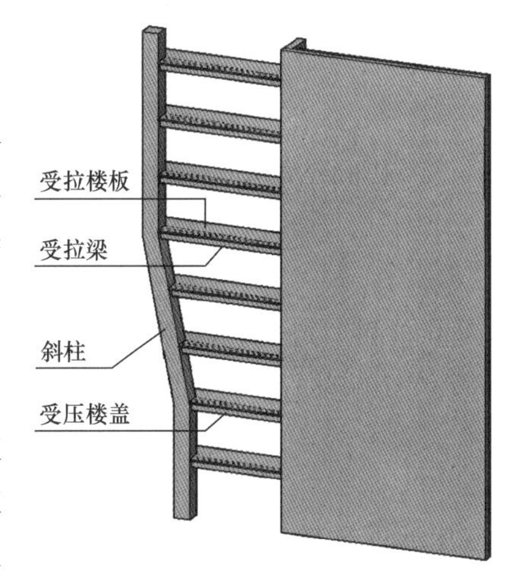

图5.113 斜柱及相关结构示意

应对措施：

当混凝土构件全截面平均拉应力不大于或接近混凝土抗拉强度时，可采用钢筋混凝土构件。当混凝土构件全截面平均拉应力大于混凝土抗拉强度较多时，其受拉梁宜改为型钢混凝土梁或钢梁。

分析时，首先应忽略受拉楼板的作用；若受拉梁为型钢混凝土梁，则还应忽略受拉型钢混凝土梁中混凝土部分的作用，即将型钢混凝土梁按钢梁进行分析，此时分析结果可产生较不利的内力。

楼板分析设计时，宜忽略受拉型钢混凝土梁中混凝土部分的作用，使得楼板应力分析时产生较不利的内力；根据楼板分析所得的拉应力结果，可采取配筋加强及后浇释放等措施。

值得注意的是，上述受拉楼盖相邻上、下层楼盖均可能有较大的拉应力，故应有分析上的考虑及设计上的措施。对受压楼盖中的梁，应考虑稳定系数的影响，按压弯构件设计。

问题【5.114】

问题描述：

对空中封闭的连廊（图5.114），未考虑底部及顶部风力的作用。

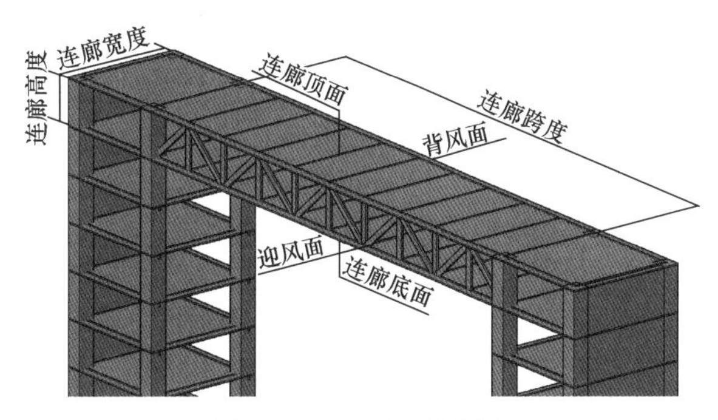

图5.114 空中连廊示意

原因分析：

设计空中封闭连廊结构时，一般设计人员仅考虑了迎风面与背风面的风力作用，忽视了连廊底面与顶面的风力作用。理论上来说，封闭的连廊周边均受到风力的作用，其各处风荷载体型系数与连廊跨度、高度、宽度等因素均密切相关。一般情况下，迎风面风荷载体型系数可取+0.8（压力），背风面风荷载体型系数可取−0.6（吸力）；底面风荷载体型系数可取−0.9（吸力），顶面风荷载体型系数可取−0.7（吸力）。

应对措施：

对空中连廊的每一个临空面，均应考虑风荷载的作用，并合理选取相应的风荷载体型系数进行分析，根据分析结果，验算构件承载力与变形，包括底面与顶面构件的受弯与受剪承载力。

值得注意的是，对空中连廊的设计还应考虑流固耦联的共振问题。

问题【5.115】

问题描述：

计算分析时，未考虑夹层楼盖的作用。

原因分析：

部分设计人员认为夹层楼盖是局部的，对结构的整体性能影响不大，分析时不考虑其作用。其实夹层楼盖的影响是不可忽略的，它对相关竖向构件的刚度与内力影响较大，容易造成层刚度比超标及短柱的破坏，影响结构的抗震安全性。

应对措施：

结构分析模型建立时，应基于结构真实的构成及连接关系，包括应将夹层楼盖计入分析模型，然后根据分析结果进行设计和验算，包括验算夹层楼盖相关短柱的承载力及构造措施是否满足相关规范的要求。

问题【5.116】

问题描述：

当箱形或工字形等截面梁的腹板平面不在铅垂面时，分析时未考虑定向角的影响（图 5.116）。

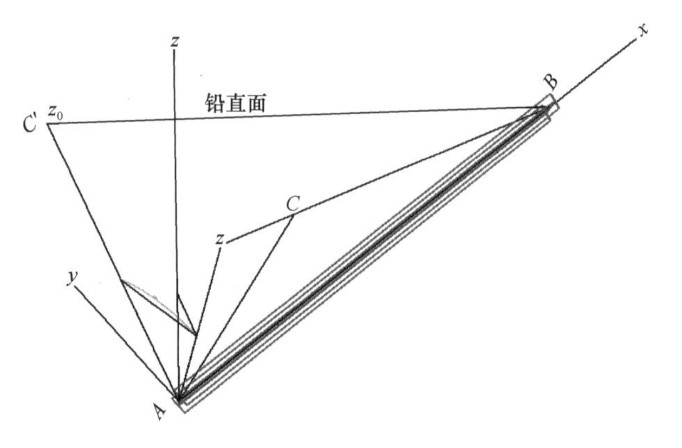

图 5.116　空间梁定向角定义示意

原因分析：

设计人员未理解空间梁定向角的含义及对分析结果的影响。

如图 5.116 所示，工字形截面空间梁的第一节点为 A 点、第二节点为 B 点、第三节点为 C 点，工字钢梁的腹板处在 ABC 点组成的平面内，x、y、z 为单元局部坐标系中各轴，ABC'点组成的平面为铅直平面；空间梁的定向角（即欧拉角 β）为局部坐标轴 z 与主平面为铅直面的空间梁之局部坐标轴 z_0 之间的角度（即 zAz_0 对应的角度），也是将空间梁主平面绕梁自身轴（$-x$）转成铅直平面所需的转角，取值范围为 0～360°。在空间结构分析中，此角极为重要，与结构的内力与变形密切相关。

应对措施：

当箱形或工字形等截面梁的腹板平面不在铅垂面时，应根据结构的几何数据，正确求得空间梁的定向角，并修改结构分析输入数据中相应的角度或第三点定向坐标，再进行结构的计算分析。

问题【5.117】

问题描述：

对存在半地下室的情况，分析时未考虑地下室的不平衡水、土压力作用。

原因分析：

对存在半地下室的情况，此种情况常见于山地建筑，设计人员疏忽了不平衡水、土压力作用，造成基础与地下室相关构件的内力计算偏小。若半地下室较深时，可能导致建筑产生倾斜变形，情况严重时，还将影响结构整体抗倾与抗滑的稳定性。

应对措施：

首先结构分析时应考虑半地下室带来的不平衡水、土压力，然后验算重力及不平衡水、土压力作用下结构的倾斜变形，控制其倾斜变形率 k（$k=\Delta/H$，Δ 为节点水平位移，H 为节点的高度）不宜大于 1/1500，否则应减小不平衡水、土压力或采取其他措施。对半地下室较深的情况，还应验算大震作用下结构抗倾与抗滑的稳定性。

问题【5.118】

问题描述：

在转换结构实体有限元分析时，模型建立、分析判断及包络设计等环节均存在问题，具体问题分类如下：

1）当采用弹塑性本构关系分析时，未考虑转换层楼板的作用、构件中钢筋及型钢的作用。

2）当采用弹性本构关系分析时，未考虑转换层楼板的作用及型钢的作用，仅分析实体元的应力，甚至只分析实体元的压应力与剪应力，避而不谈实体元的拉应力，对结构的分析和判断均不涉及混凝土中的配筋，导致转换结构采用素混凝土可行的错误结论。

原因分析：

设计人员不熟悉实体有限元分析的目的及其正确做法。当转换结构较为复杂时，如存在上部剪力墙与转换梁或落地剪力墙偏置、转换梁与转换柱难以描述实际受力变形机制、转换柱与落地墙相连等问题时，采取杆壳分析模型难以满足设计要求，此时有必要采取实体元进行补充分析。

应对措施：

1）为了对杆壳主要工况的分析结果进行验证，采用弹塑性实体有限元，分析时应考虑转换层楼板的作用、构件中钢筋及型钢的作用，验算时主要复核钢筋和型钢的应力及混凝土的塑性应变。

2）为了与杆壳主要工况的分析结果进行包络设计，采用弹性实体有限元，然后采用积分的方法求出主要构件控制截面的宏观内力，并与杆壳相应的内力进行比较分析和包络设计。

问题【5.119】

问题描述：

结构分析设计时，直接根据混凝土构件拉力配型钢，未将型钢计入结构分析模型，也未考虑混凝土全截面受拉开裂刚度退化的影响。

原因分析：

设计人员习惯根据构件的拉力来配置钢筋与型钢，但这种设计方法严格上只适应静定结构，即其结构的内力与构件的刚度无关，但我们经常面对的结构是超静定结构，若混凝土全截面拉应力超过抗拉强度，则其开裂而刚度退化，原计算模型并没有考虑这种情况，故得到的力是不正确的，还可能使得相关构件的内力计算偏小，导致结构存在安全隐患。

应对措施：

根据构件的拉力，可初定型钢的面积，然后将型钢计入结构分析模型进行计算。根据构件的拉力计算混凝土部分的平均名义拉应力，若其值超过抗拉强度较多，则根据超过抗拉强度的程度，折减混凝土部分的刚度或忽略混凝土部分的刚度，再重新计算，直到混凝土部分的平均名义拉应力不超过混凝土的抗拉强度或接近混凝土的抗拉强度为止。

问题【5.120】

问题描述：

对转换柱与剪力墙相连的情况，在进行杆壳模型的计算分析时，未合理模拟两者之间的受力关系，造成刚度与质量的重复计算及构件之间内力传递的不合理性。

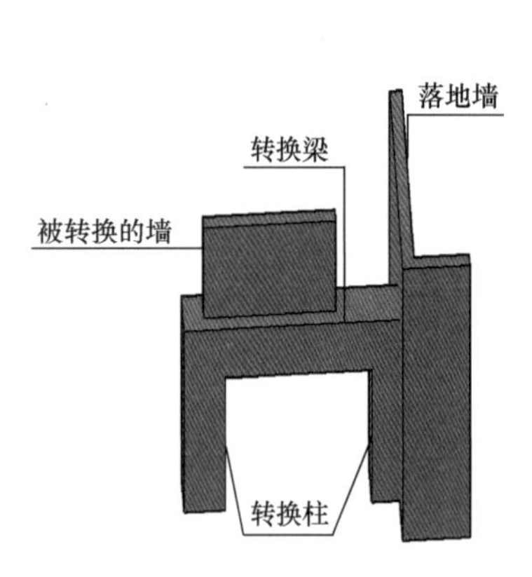

图 5.120-1　转换结构实体示意

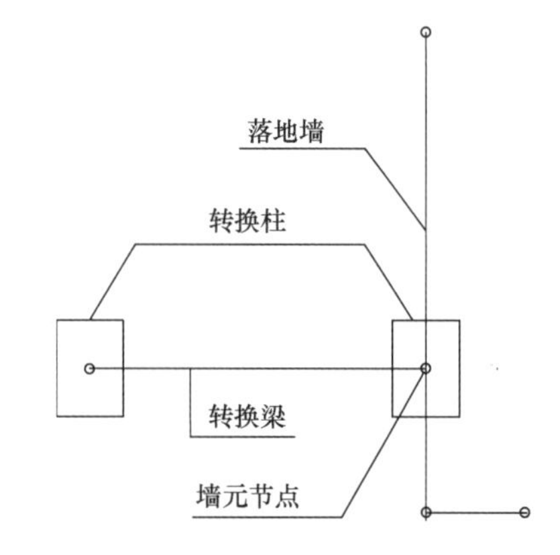

图 5.120-2　转换结构杆壳模型示意

如图 5.120-1 所示，转换柱与剪力墙相连。对此情况，设计人员建立分析模型时，往往直接在墙元节点处布置转换柱，如图 5.120-2 所示，也不做其他处理，导致在转换柱处墙的刚度与质量被重复计算，两者之间的受力关系也未合理模拟；由于重叠部分墙要分担一部分力，还使得转换柱内力可能计算偏小，存在安全隐患。若在剪力墙处不设转换柱，而将剪力墙局部加厚，这种做法也不合适，一是因为剪力墙不受内力调整的控制，二是因为一般软件不进行剪力墙面外承载力设计。

原因分析：

设计人员对软件中一些做法不理解，或者觉得采取一些做法很麻烦。

应对措施：

转换柱与剪力墙相连的情况，在实体模型中并不存在上述问题，因此可采用实体有限元进行内力分析，但同样存在软件不支持按转换柱要求的设计问题，故当前较合理的做法是对杆壳模型进行一些改进，如在剪力墙相连的转换柱边，对剪力墙切割出一个计算缝（约0.2m），再用合适截面的梁连接起来进行分析与设计；或者设计转换柱时，不考虑相连剪力墙的作用，即将相连剪力墙的厚度取0，然后进行分析，并与其他模型进行包络设计。

值得注意的是，对转换柱与剪力墙相连的情况，设计时应复核相邻剪力墙的面外承载力；对一般柱（包括面外支承梁的暗柱）与剪力墙相连的情况，也宜按上述方法进行处理。

问题【5.121】

问题描述：

对穿层墙（或高厚比较大的剪力墙），未进行墙面外受压稳定承载力验算。

原因分析：

当前结构设计软件不支持剪力墙按压弯构件进行轴心受压稳定性及偏心受压承载力设计。在剪力墙穿层的情况下，剪力墙面外的高厚比较大，其边缘构件受力状态与扁柱受力状态相似，其面外稳定问题较为严重。对竖向受力均匀的剪力墙，可采用《高层建筑混凝土结构技术规程》JGJ 3—2010附录D公式判断墙的稳定性，但对竖向受力不均匀（即存在弯矩的情况）的剪力墙，采用附录D公式判断墙的稳定性时，不能覆盖一些不利工况，即存在一定的安全风险。

应对措施：

对穿层墙或高厚比较大的墙，应按如下规定进行面外压弯稳定性承载力的验算：

1）根据各墙肢顶部等效竖向均布线载（宜采用小震、风荷载和中震作用下墙身内最不利组合工况的竖向力），考虑墙肢端部相连墙肢约束的影响，采用《高层建筑混凝土结构技术规程》JGJ 3—2010附录D公式判断穿层墙各墙肢的稳定性；当剪力墙为T形、L形且其翼缘截面较小时，即某墙肢对相连墙肢约束较小时，应按《高层建筑混凝土结构技术规程》JGJ 3—2010附录D公式，补充各墙肢组合成整体的稳定性验算。

2）在小震、风荷载和中震作用最不利组合工况下，考虑墙肢面内与面外弯矩的影响，补充剪力墙一字形边缘构件（或翼缘截面较小的边缘构件）压弯稳定承载力验算，具体做法如下：

① 将剪力墙的一字形边缘构件（或翼缘截面较小的边缘构件）视为框架柱（暗柱或明柱），并合理模拟暗柱或明柱与相邻墙之间的传力机制；

② 考虑暗柱或明柱面外计算长度及其稳定系数的影响，验算暗柱或明柱的轴心受压稳定承载力与偏心受压承载力；

③ 对暗柱或明柱面外计算长度系数，可根据线性屈曲分析结果中临界荷载，采用反算方法求得，也可直接参考相关规范进行取值。

问题【5.122】

问题描述：

对跨层桁架等大跨结构，楼盖舒适度分析时，未同时考虑相关楼层的步行激励。

原因分析：

如图 5.122-1 和图 5.122-2 所示，采用跨层桁架支承楼盖，对桁架上弦所在楼盖和下弦所在楼盖，由于桁架的腹杆将上下两层连成一体，故在同一个竖向振动模态中，两层位移模式是高度关联的。若求楼盖在步行激励下的竖向加速度反应峰值，只将步行激励加载在桁架上弦所在楼盖或下弦所在楼盖，而不同时将步行激励施加在桁架上弦所在楼盖及下弦所在楼盖，则所求得的竖向加速度反应峰值可能偏小，不能反映真实的步行激励情况。

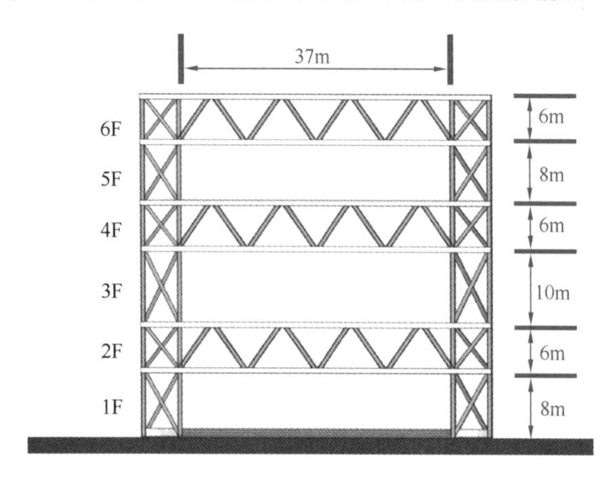

图 5.122-1　跨层桁架结构剖面图

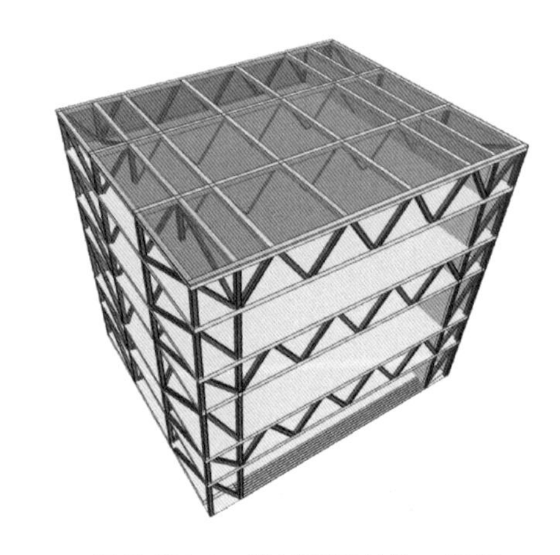

图 5.122-2　跨层桁架结构三维图

应对措施：

对跨层桁架等大跨结构，楼盖舒适度分析时，应同时考虑相关楼层的步行激励。

问题【5.123】

问题描述：

对立面收进处未作深入的分析，也未采取相应的加强措施。

原因分析：

设计人员未意识到立面收进处的相关问题，没有采取特殊的分析与措施。由于立面收进处层刚度与层质量均发生较大的变化，收进处的内力也容易产生突变，且对高振型模态较为敏感，因此分析设计时不能按常规的做法，否则，立面收进处的楼盖及上一层的竖向构件与楼盖，在地震下容易破坏。

应对措施：

采取振型反应谱方法分析时，应研究收进处的内力对计算振型数的收敛性，以合理选取计算振型数，反映高振型模态对收进处构件内力的影响；对收进处相关的主要构件，还应考虑结构的动力效应，与时程分析结果进行内力对比分析及包络设计，并对立面收进处的楼盖及上一层的竖向构件与楼盖，采取相应的加强措施。

问题【5.124】

问题描述：

屋顶上存在较高的钢塔，但未将其计入整体结构进行分析与设计，导致顶部楼盖风振加速度超标。

原因分析：

设计人员未意识到屋顶上较高的钢塔对顶部楼盖风振加速度具有较大的影响。若屋顶上较高的钢塔抗侧刚度较弱时，在风荷载的作用下，钢塔会产生较大的风振加速度及较大底部动态水平力，从而进一步使得顶部楼盖风振加速度较大，甚至超出规范限值。

应对措施：

钢塔单独初步设计时，应使其具有较大的抗侧刚度和适宜的基本频率，保证钢塔自身的风振加速度较小。另外，应将钢塔计入整体模型进行风振加速度分析，若风振加速度超标，则调整结构的布置及参数，再次进行风振加速度分析，直至风振加速度满足规范要求为止。

问题【5.125】

问题描述：

对大跨结构，未设置合理的起拱值，造成变形过大，影响使用。

原因分析：

设计人员对结构的适用性与美观性意识较弱，未充分考虑结构使用功能、外观及与其他构件的连接。

应对措施：

起拱值可采用结构自重作用下的挠度。

问题【5.126】

问题描述：

计算分析时未合理选取连梁刚度折减系数。

原因分析：

设计人员对选择连梁刚度折减系数的目的及依据认识不清。地震作用是一种偶然作用，而连梁作为地震作用下的耗能构件，是允许开裂的。在各水准地震作用下，依据连梁的性能目标及美观性等要求，连梁的允许开裂程度的要求也不同，开裂即意味着刚度退化，故应取不同的连梁刚度折减系数。

应对措施：

当采用弹性反应谱法分析时，应根据连梁允许开裂的程度，选择连梁刚度折减系数。小震连梁刚度折减系数一般取值范围为 0.7～0.8，中震连梁刚度折减系数一般取值范围为 0.5～0.6，大震连梁刚度折减系数一般取值范围为 0.3～0.4。

问题【5.127】

问题描述：

对平面凹凸不规则的结构，风振加速度分析时，未考虑结构的动力效应、扭转效应和弹性楼盖的影响。

原因分析：

对风振加速度分析，设计人员往往采用通常的结构分析软件进行简单的计算；但对复杂结构来说，这样得到的结果与实际情况相差较远。如图 5.127 所示，某工程结构平面凹凸不规则，局部小翼高宽比达 22。在大风的作用下，楼盖将产生面内变形，也产生扭转效应，并导致楼盖各处风振加速度不同，其较大值往往发生在结构平面的角点。若采用通常的结构分析软件，则不能反映和模拟上述特点，因此其风振加速度的分析结果存在较大的误差。

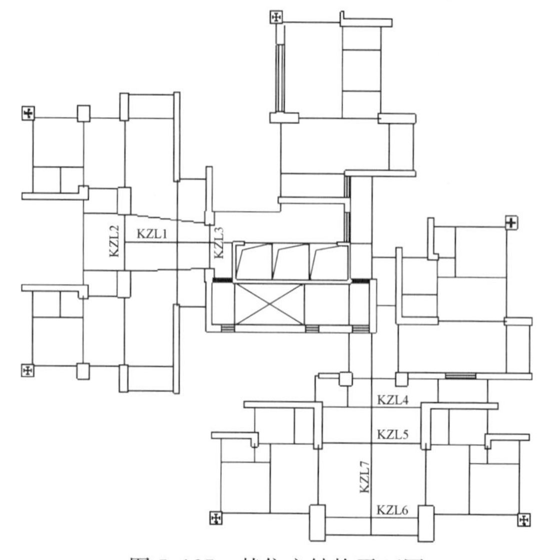

图 5.127　某住宅结构平面图

应对措施：

对平面凹凸不规则的结构，宜进行风洞试验，然后根据风洞试验的结果，按风洞试验的测点加载压力时程，考虑弹性楼盖的假定，进行风振加速度分析，并按合加速度进行风振加速度的验算与控制。若未做风洞试验，则可采用数值方法模拟风的压力时程，再按上述步骤进行分析。值得注意的是，按测点加载压力时程的分析中，自动考虑了结构的扭转效应。

问题【5.128】

问题描述：

钢梁与混凝土柱的牛腿铰接时，分析模型中钢梁端的铰节点放在柱节点上。

原因分析：

钢梁铰节点放在柱节点上时，没有反映牛腿受弯的情况，也减小柱端受弯的荷载，不符合实际受力情况，影响结构安全。

应对措施：

钢梁与混凝土柱的牛腿铰接时，在计算分析模型中，应采用悬臂短梁模拟牛腿，然后其钢梁与悬臂短梁端铰接连接。

问题【5.129】

问题描述：

对高层建筑，未考虑施工时塔吊对结构的影响。

原因分析：

设计人员对施工时的一些不利工况不清楚、不敏感。在高层建筑结构施工时，尤其筒体采用滑模施工时，塔吊及其负载对筒体会产生较大的作用，若不采用合适的临时支撑及加强措施，可能导致结构开裂，使结构存在安全隐患。

应对措施：

1）了解施工程序及工艺；

2）获取塔吊对支座的节点荷载；按混凝土的龄期估计材料强度；

3）根据概念分析，布置临时钢支撑，对筒体进行加强；

4）考虑塔吊荷载、风荷载等，进行施工期的结构分析（图 5.129-1、图 5.129-2）；

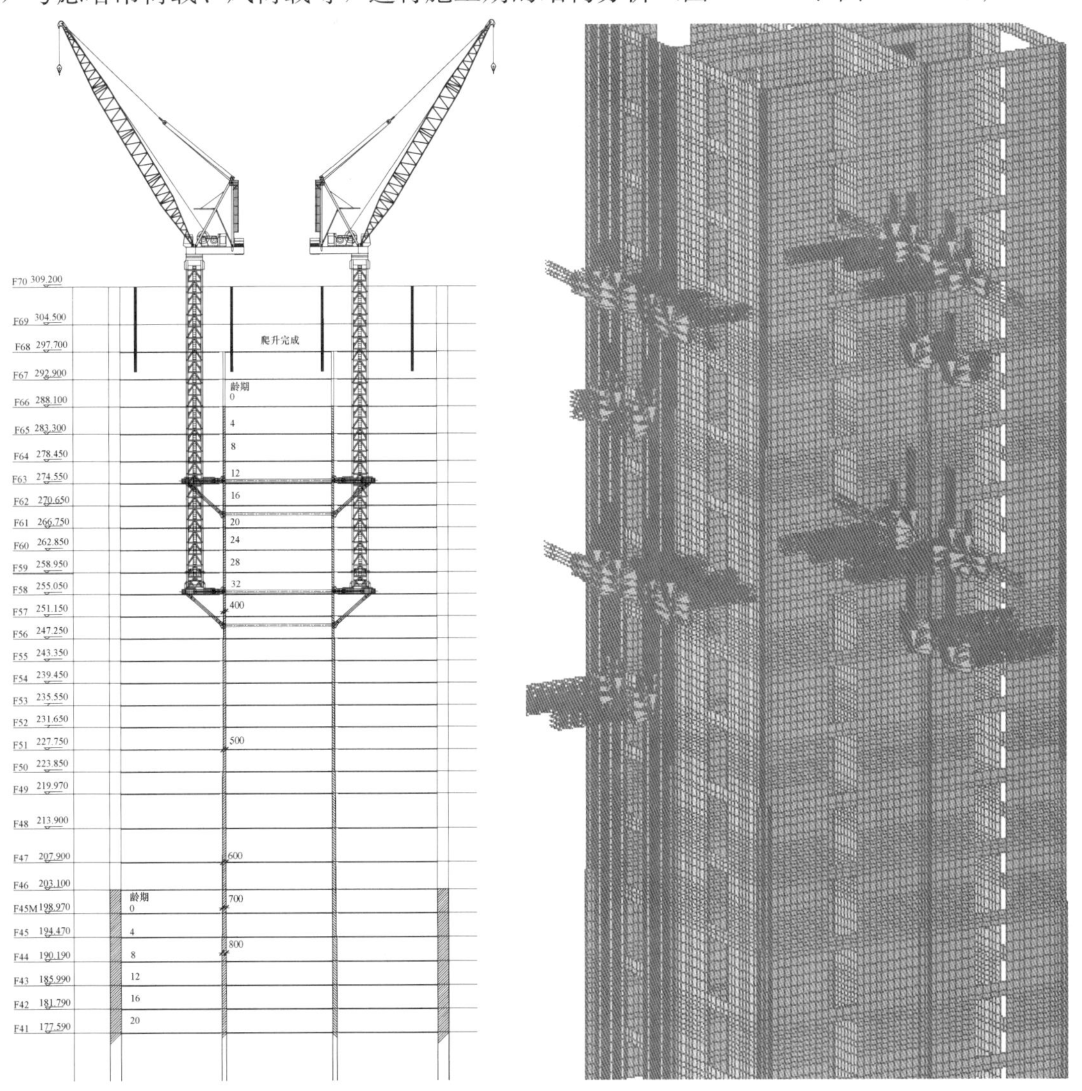

图 5.129-1　筒体有限元分析模型　　　　图 5.129-2　塔吊爬升示意

5）根据分析结果，复核相关构件的承载力与变形，并对筒体等进行配筋加强（图 5.129-3）。

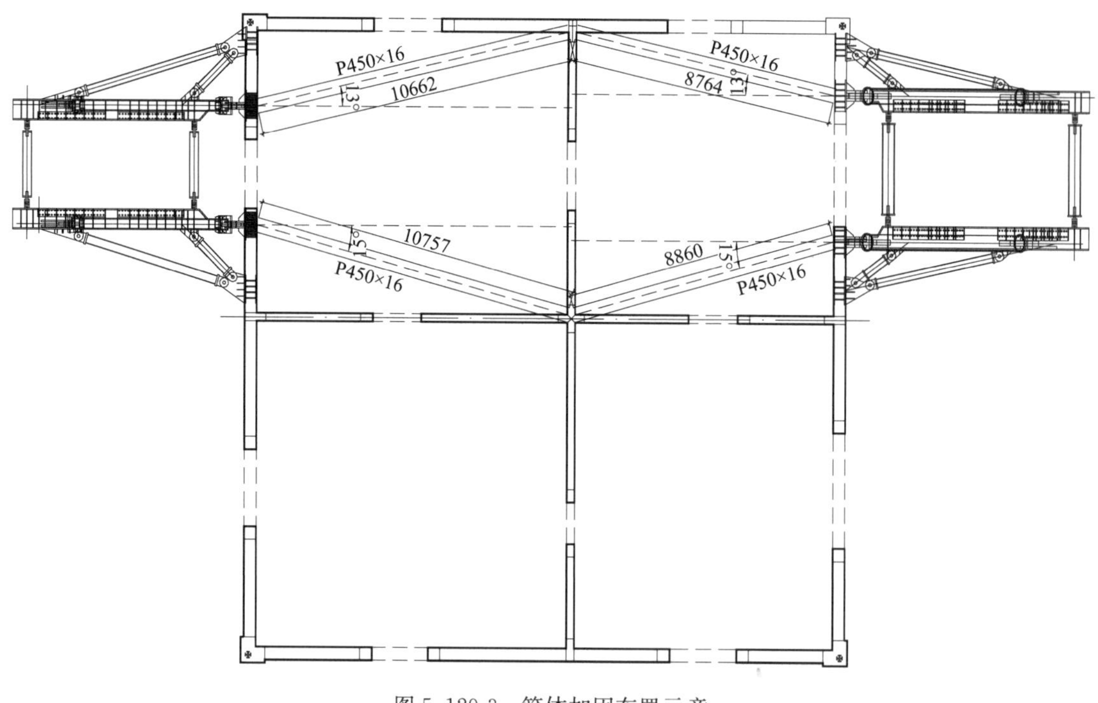

图 5.129-3　筒体加固布置示意

问题【5.130】

问题描述：

节点的精细化分析时，未合理设置力边界条件与位移边界条件。

原因分析：

设计人员对节点分析的原理及节点受力与变形的机理不清楚。由于杆件结构分析中，不涉及节点的分析，故对关键节点，应补充节点的精细化分析，以验证节点构造的合理性及节点的承载力。节点的精细化分析实际上是采用隔离体的方法，将节点区域以外结构的作用采用力边界条件或位移边界条件来替代，从这个意义上来说，这种节点分析存在一定的误差。另外，节点分析难以遍历结构整体分析的工况，故又存在另外一个误差。所以，较精准的方法是将节点精细化建模后，再嵌入整体分析模型中进行计算分析，此法又称多重尺度法。

应对措施：

节点的精细化分析时，应尽量接近结构中节点的构成及节点受力与变形的机制，合理设置力边界条件与位移边界条件。一般来说，对节点中较明确的竖向支撑构件，其端部可设为固定约束（即位移边界条件）；对节点其他相关构件的端部，则可施加相应内力（即力边界条件）。

问题【5.131】

问题描述：

不清楚弱连接楼盖的不利影响与分析和设计方法。

原因分析：

弱连接楼盖对结构性能主要不利影响如下：

1）影响结构的整体性及各小翼部分与核心部分之间的协同性；

2）在弱连接楼盖部位出现明显的薄弱部位；

3）使小翼结构出现局部振动与破坏。

另外，在弱连接楼盖分析设计中，存在如下情况：

1）采用振型反应谱法难以求得弱连接楼盖最不利内力；

2）小翼结构独立抗侧能力较强，则对主体结构抗侧的依赖性降低，即弱连接楼盖内力也减小，反之亦然；

3）弱连接楼盖内力与小翼部分的高宽比相关，小翼部分的高宽比越大，则连接楼盖内力将越大，反之亦然。

应对措施：

1）对弱连接楼盖，应根据整体结构及弱连接楼盖的情况，设置合理的性能目标，如中震弹性或大震不屈服等。

2）加强布置弱连接楼盖与其相关两侧结构的连接构件，如在弱连接楼盖中设置边梁、连接板及贯通的剪力墙。此外，控制弱连接楼盖有效宽度尽量不小于5m和小翼结构典型楼盖宽度的一半；还有，宜加强相关小翼结构中抗侧构件，如增设小翼结构中的剪力墙或加厚小翼结构的剪力墙，以减小弱连接楼盖的内力。

3）根据弱连接楼盖及相关小翼结构竖向构件布置等的情况，合理选择弱连接楼盖内力计算方法（如采用美国规范IBC—2000第1620.1.5节所介绍的方法）及相关参数，补充另一方法对弱连接楼盖内力的分析。

4）根据不同计算方法及不同方向水平力作用下的最不利内力，复核受剪、受拉及受拉弯承载力，并确定弱连接楼盖相关构件（含梁、板及其他构件）的截面与配筋。

5）加强与弱连接楼盖相关构件的承载力，确保弱连接楼盖内力的有效传递与抵抗。

6）应重点加强弱连接楼盖边梁的腰筋，以及抗扭钢筋构造；弱连接楼盖处楼板厚度不小于150mm，双层双向配筋，其单层配筋率不宜小于0.30%；弱连接楼盖处不宜采用叠合板。

问题【5.132】

问题描述：

楼板配筋时，简单地视支承梁为铰接边或固定边，未考虑支承梁在重力荷载下变形的影响，导致部分板配筋不足，尤其对密肋楼盖和带单次梁或多次梁的楼盖中楼板的配筋。

原因分析：

设计人员对梁刚度及变形对相关楼板内力及配筋影响的认识不足。当梁板刚度比$k=bh^3/Bt^3$小于1.5时（b为梁宽，h为梁高，B为板净跨，t为板厚），不能简单地将支承梁视为板的铰支边或固定边，而宜将梁板视为相互作用的结构。

应对措施：

1）当梁板刚度比不小于1.5时，可视支承梁为铰接边或固定边进行板的内力分析与配筋设计。

2）当梁板刚度比小于1.5时，宜考虑相关支承梁变形的影响，采用梁板有限元进行板的内力分析与配筋设计，常用结构设计软件如PKPM和YJK等，均支持考虑支承梁变形影响的板配筋设计。

问题【5.133】

问题描述：

钢梁腹板与钢筋混凝土梁埋件伸出的钢板栓接，腹板不接，即使采用长圆孔方式，当钢梁转动时仍会存在约束，当钢梁支座布置较多螺栓时，尤其是2排以上时，将会产生一定的约束弯矩，设计时按铰接假定完全不考虑其影响，可能会造成螺栓、埋件及混凝土梁不安全。

原因分析：

设计人员对铰接假定的适用条件认识不足。

应对措施：

宜结合腹板和螺栓的实际情况，考虑其实际约束弯矩，对螺栓、埋件及混凝土梁承载力进行计算复核。

问题【5.134】

问题描述：

钢梁-混凝土楼板组合楼盖中楼板配筋不足问题。

原因分析：

设计人员在计算钢梁-混凝土楼板组合楼盖时，采用弹性板假定。弹性板提供刚度给钢梁形成组合梁结构，能有效减小钢梁截面，减少用钢量，虽然在工程实践中降低了工程造价，但由于未准确计算楼板与钢梁之间的纵向剪力，往往按照构造规定配置抗剪键，抗剪键数量不足，造成楼板与钢梁不能形成组合梁共同工作，存在安全隐患；楼板按照弹性板计算，局部内力往往超过按照静力法计算的楼板内力，楼板配筋不足，造成楼板开裂，存在安全隐患。

应对措施：

应按照规范方法和有限元算法计算楼板与钢梁之间的纵向剪力，取两者较大值配置抗剪键；应按照有限元算法计算弹性板的内力，按内力结果配筋。

问题【5.135】

问题描述：

学校体育场馆等大跨度钢筋混凝土楼盖振动舒适度不满足规范要求。

原因分析：

设计人员在计算大跨度钢筋混凝土楼盖时，往往比较重视楼盖的承载力、挠度满足规范要求，但忽视楼盖振动舒适度计算，在工程实践中，出现了楼盖振动加速度过大，造成使用者感到不舒适或恐慌。

应对措施：

应按照有限元算法计算楼盖的自振频率。当自振频率、振动加速度不满足规范要求时，以混凝土楼盖为例，可以采取加厚楼板、梁间距加密、改变梁端约束条件（如梁竖向加腋，加大柱截面尺寸）等方法，也可采用减振阻尼器。在分析楼盖自振频率时，要真实计算梁板刚度，考虑梁、板截面偏心对刚度的有利影响，合理计算参与振动计算的质量。

问题【5.136】

问题描述：

钢结构蜂窝梁计算问题。

原因分析：

设计人员需要将钢梁开孔（正六边形孔）以达到减轻用钢量或满足设备穿管的目的，但由于没有规范成熟的公式可以套用，计算分析无从下手。

应对措施：

1）采用板壳有限元方法，考虑梁腹板开洞的影响，按米塞斯应力控制其承载力，按最大位移控制其变形。

2）采用近似公式分析。如可以参考苏联、日本、英国、德国的计算公式，把蜂窝梁简化为空腹桁架计算，建议参考如下计算公式：

$$\sigma_{1(2)}=\frac{M}{A_{\mathrm{T}}h_0}+\frac{Va}{4W_{\mathrm{T}}}\leqslant[\sigma]$$

$$\tau=\frac{VS_{\mathrm{T}}}{2t_{\mathrm{w}}I_{\mathrm{T}}}\leqslant f_{\mathrm{v}}$$

式中，A_{T}——上或下T形截面面积；

W_{T}——T形截面对于平行于翼缘的自身形心轴的截面模量；

a——正六边形孔的边长；

h_0——上、下两T形截面的形心距离；

S_{T}——T形截面的面积矩，当形心位于腹板内时，取中性轴以上部分面积对中性轴的面积矩；当形心位于翼缘内时，取腹板自由端至翼缘内表面之间腹板面积对形心轴的面积矩；

I_{T}——空腹处T形截面的截面惯性矩；

M——截面弯矩；

V——截面剪力。

根据不同的高跨比，蜂窝梁的刚度折减系数（与等截面不开孔刚梁的刚度比）为0.7～0.9，通常按照 0.8 基本可以保证变形计算的准确性。

问题【5.137】

问题描述：

办公楼出屋面四周幕墙处框架柱计算长度系数有误。

原因分析：

办公楼出屋面四周幕墙处的框架柱只布置周边梁，与中部剪力墙核心筒之间一般不设置另向结构梁，此时该处框架柱在两个方向的计算长度系数不同，设计人员仅依靠计算模型的计算结果设计往往导致结构配筋不足，存在安全隐患。

应对措施：

应核查计算模型中框架柱的计算长度，当发现问题时进行人工干预，使框架柱的计算长度与其实际受力情况相一致。

问题【5.138】

问题描述：

幕墙通常受力挂点设置在上部，而设计人员往常只考虑每层幕墙下部相应梁受荷，导致屋顶梁无幕墙荷载输入。

原因分析：

对幕墙结构与主体结构的连接及传力路径不清楚，导致相关构件输入有误，影响结构安全。

应对措施：

应根据幕墙结构与主体结构的连接关系，采用合理导荷模式，将幕墙的重力荷载正确地分配到相关构件。

问题【5.139】

问题描述：

对大跨度及大悬挑的梁板，未进行挠度及裂缝验算。

原因分析：

设计人员验算不周全。

应对措施：

应按《混凝土结构设计规范》GB 50010—2010 第 3.4.3 条、第 3.4.5 条进行验算。特别注意，室外部分地下室顶板、屋面等环境类别为二 a 类时，裂缝宽度应按 0.2mm 考虑。

问题【5.140】

问题描述：

转换梁在托柱时未设双向梁。

原因分析：

转换梁在托柱时未设双向梁，在柱底弯矩作用下，其梁的扭转效应明显，对结构安全不利。

应对措施：

转换梁在托柱位置处宜设置另向梁，以平衡柱底另向弯矩。

第6章　构造及其他问题

问题【6.1】

问题描述：

如图6.1所示，框架梁KL1外边线与圆柱KZ1相切布置，梁外侧纵向钢筋深入支座的长度不符合规范规定的锚固长度。梁纵筋承受的拉压力靠柱节点处混凝土粘结握裹力传递至框架柱，当锚固长度不足时，拉压力将不能完全传至柱，并可能从混凝土中抽离失效，贴近柱外皮的梁受力纵筋易失锚而退出工作。

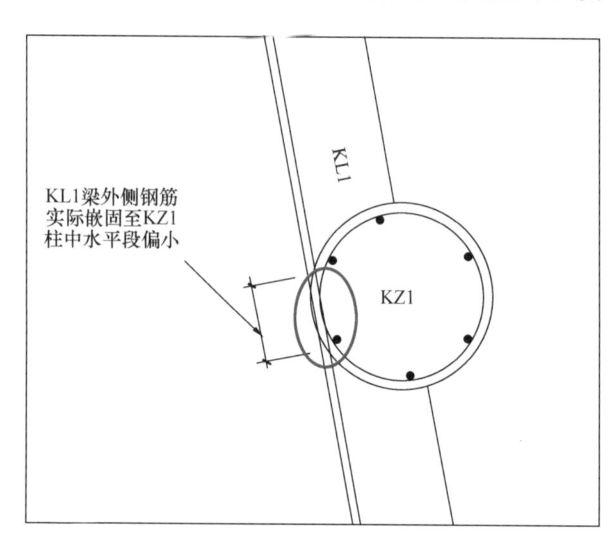

图6.1　框架梁外边线与圆柱相切布置示意图

原因分析：

设计人员对梁纵筋在圆柱内锚固构造要求不清楚。

应对措施：

《混凝土结构设计规范》GB 50010—2010（2015年版）第11.6.7条第1款规定，对一、二、三级抗震等级，当柱为圆柱时，贯穿中柱的每根梁纵向钢筋直径，不宜大于纵向钢筋所在位置柱截面弦长的1/20。

问题【6.2】

问题描述：

结构设计中，经常出现主体结构浇筑完成再后置埋件的情况。后置埋件设计时，未验算钢筋混凝土基材承载力，对后置埋件与钢筋混凝土结构之间缝隙也未做处理，留下安全隐患。

原因分析：

结构设计人员在设计后埋件时，仅计算单个锚栓的承载力，未验算钢筋混凝土的基材承载力是否满足要求。同时，设计图一般仅表达后锚栓数量及后埋板尺寸，对其他方面的技术要求交代甚少，往往造成现场施工的不规范，存在钻取孔时损伤原结构钢筋、施工好的后置埋件与钢筋混凝土结构间缝隙外露等现象，甚至有埋件已经严重锈蚀也不易被发现的安全隐患。

应对措施：

在计算锚栓承载力时，要进行钢筋混凝土基材的承载力验算；植栓定位前，凿开原有结构混凝土保护层，露出原有结构钢筋或检测查明内部钢筋位置，标示于结构表面，以免钻孔时损伤原结构钢筋；后置埋件与钢筋混凝土结构间缝隙用环氧树脂砂浆灌注，以达到完整结合、补强与防腐。

问题【6.3】

问题描述：

抗震墙结构中，抗震墙的竖向分布钢筋选用直径 $\phi8$ 的钢筋；框架-抗震墙结构中，抗震墙的竖向或横向分布钢筋选用直径 $\phi8$ 的钢筋。

原因分析：

《建筑抗震设计规范》GB 50011—2010（2016 年版）第 6.4.4 条规定，抗震墙结构中的抗震墙竖向和横向分布钢筋的直径，均不宜大于墙厚的 1/10 且不应小于 8mm，竖向钢筋直径不宜小于 10mm ；《建筑抗震设计规范》GB 50011—2010（2016 年版）第 6.5.2 条规定，框架-剪力墙结构中的抗震墙的竖向和横向分布钢筋直径均不宜小于 10mm。

应对措施：

设计时应注意，《建筑抗震设计规范》GB 50011—2010（2016 年版）对不同结构形式中的抗震墙竖向和横向分布钢筋直径有不同的规定。

问题【6.4】

问题描述：

抗震等级为一、二级的框架梁，其顶面通长钢筋不满足《建筑抗震设计规范》GB 50011—2010（2016 年版）第 6.3.4 条第 1 款的规定。

原因分析：

对通长钢筋的理解不到位，其实沿梁全长顶面的配筋可以是支座钢筋的通长配置，也可以是梁跨中顶面钢筋与其两侧梁端支座钢筋搭接或机械连接，数量上要满足规范要求。

应对措施：

《建筑抗震设计规范》GB 50011—2010（2016 年版）第 6.3.4 条第 1 款规定，沿梁全长顶面、底面的配筋，一、二级不应少于 $2\phi14$，且分别不应少于梁顶面、底面梁端纵向钢筋中较大截面面积的 1/4。

问题【6.5】

问题描述：

梁下部第 3 层钢筋水平方向的净间距仍与第 1、2 层的钢筋间距相同。

原因分析：

施工图普遍采用平法表示，省略了梁截面配筋图，所以容易忽视 2 层以上钢筋水平方向的净间距问题。

应对措施：

《混凝土结构设计规范》GB 50010—2010（2015 年版）第 9.2.1 条第 3 款规定，梁下部钢筋水平方向的净间距不应小于 25mm 和 d，当下部钢筋多于 2 层时，2 层以上钢筋水平方向的中距应比下面 2 层的中距增大一倍；各层钢筋之间的净间距不应小于 25mm 和 d，d 为钢筋的最大直径。

问题【6.6】

问题描述：

梁的纵筋根数少于箍筋肢数，例如：图 6.6 中，配置 4 肢箍筋，其纵筋仅有 2 根。

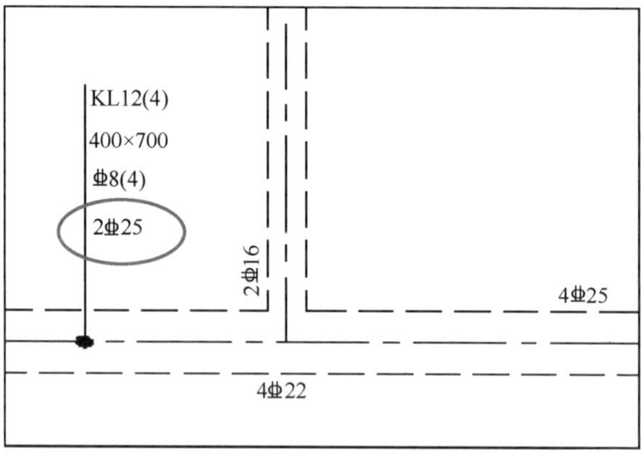

图 6.6　梁纵筋根数少于箍筋肢数示意图

原因分析：

设计人员往往在配置通长钢筋时没有注意到，其根数要与箍筋的肢数相配。

应对措施：

梁的纵筋根数不应少于箍筋肢数，通长钢筋不够时，应增加架力筋，图 6.6 应修改为 2Φ25＋（2Φ12）或调整支座配筋，在纵筋面积不变的情况下，增加其纵筋根数，减小钢筋直径，使得通长钢筋数量不少于 4 根。

问题【6.7】

问题描述：

框架梁选筋不合理，如上部通长筋为 2ϕ25，支座为 3ϕ25。

原因分析：

这是合理性和经济性的问题。若上部通长筋选用大直径钢筋，支座处锚固长度会加长；作为拉通钢筋时，梁跨中也没必要这么大，造成不必要的浪费。

应对措施：

可优化上部通长筋为 2ϕ20，支座为 5ϕ20 。还有一种方式是，拉通钢筋满足规范要求的前提下，采用小直径钢筋与支座大直径钢筋搭接或机械连接。

问题【6.8】

问题描述：

集中标注配筋与图中标注的配筋不符（图 6.8）。

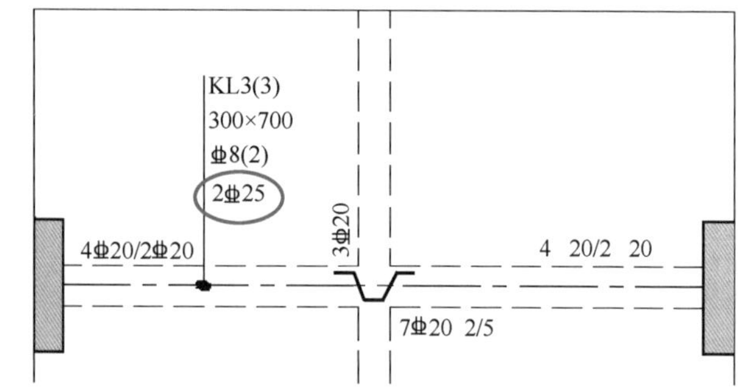

图 6.8　集中标注配筋与原位标注配筋钢筋直径不符示意图

原因分析：

由于制图时进行拷贝操作，最后又没有按照

梁的实际配筋修改。

应对措施：

应加强自校，使得集中标注的配筋与图中钢筋完全一致。

问题【6.9】

问题描述：

厨房、小降板卫生间和普通客厅之间的梁未做成缺口梁，影响建筑使用功能。

原因分析：

对设计要求不高；专业之间的配合不到位。

应对措施：

厨房、小降板卫生间和普通客厅房之间的梁应做成缺口梁，防止露头，或者应配合建筑重新调整梁定位（图 6.9）。

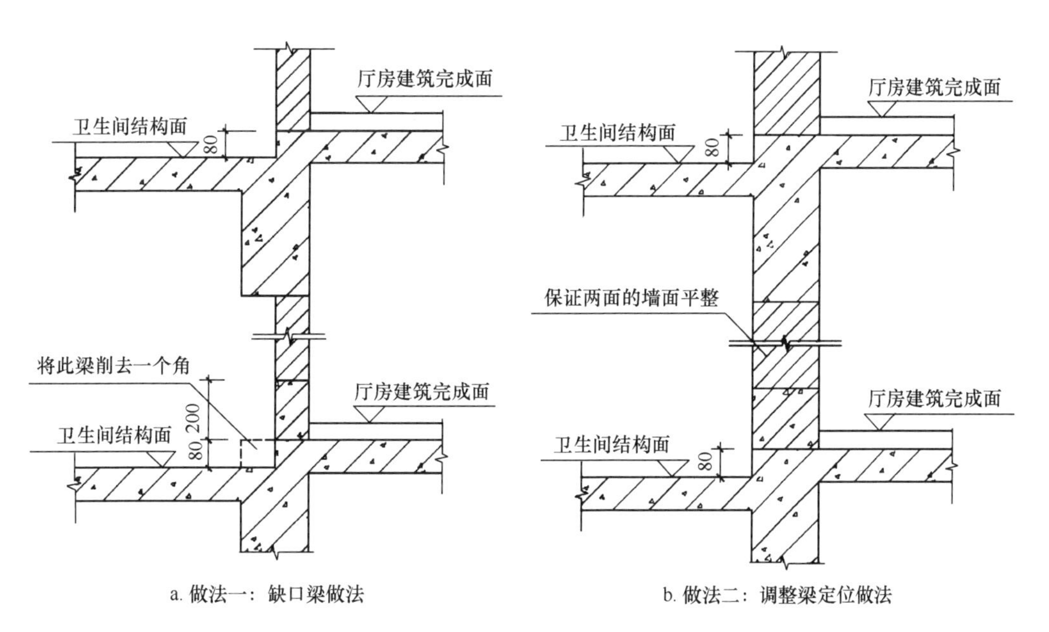

图 6.9　结构梁调整方案示意图

问题【6.10】

问题描述：

梁两侧板跨不同时，板支座负弯矩钢筋长度按两侧不等配置（图 6.10）。

原因分析：

不了解连续板支座弯矩的包络图。

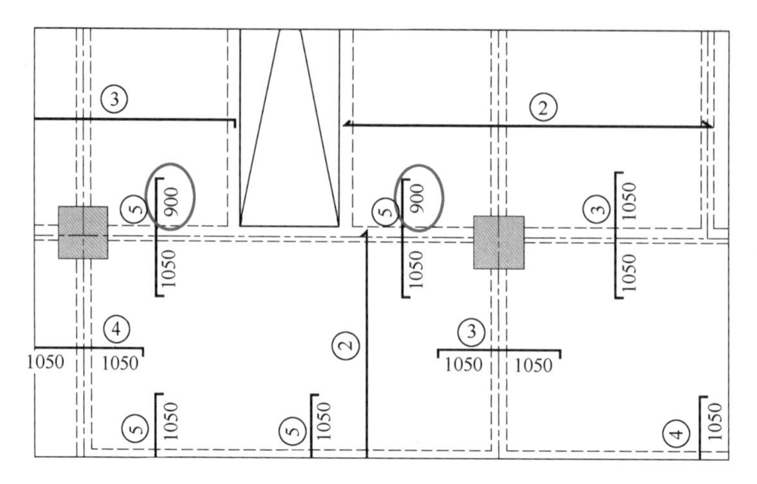

图 6.10 板支座负弯矩钢筋长度按两侧不等配置示意图

应对措施：

对于同一支座，即使支座两侧板的跨度不同，两侧板的负弯矩包络图也比较接近，故支座负弯矩钢筋两侧长度应相等，应根据板的跨度取大值。

问题【6.11】

问题描述：

较厚的单向板非受力方向的构造钢筋不满足最小配筋率要求。

原因分析：

考虑到现浇钢筋混凝土板中存在温度一收缩应力，根据相关的工程实践，板应在垂直与受力方向配置一定的钢筋，防止楼板裂缝，同时使受力钢筋受力分布更均匀。

应对措施：

单向板应满足《混凝土结构设计规范》GB 50010—2010（2015 年版）第 9.1.7 条的规定：单位宽度上的配筋不宜小于单位宽度上受力钢筋的 15%，且配筋率不宜小于 0.15%；分布筋直径不宜小于 6mm，间距不宜大于 250mm，当板上有较大集中荷载时，分布筋的配筋面积应增加，且间距不宜大于 200mm。

问题【6.12】

问题描述：

楼梯碰头问题。

原因分析：

建筑专业对楼梯结构梁板布置不清楚，结构专业不了解建筑专业对楼梯净高的要求，特别是四跑楼梯，设计时更应注意楼梯是否满足净高要求。

应对措施：

首先，结构或建筑至少有一个专业应有楼梯剖面图，剖面图应反映结构梯梁和梯板的实际尺寸，并进一步检查梯段净高是否达到 2.2m 以上、平台板上方是否满足最小 2.0m 净高的要求，其中梯段净高为每一级踏步前缘线以外 0.3m 范围内量至上方凸出物（一般指结构梁）下缘间的垂直高度。如不满足，梯梁应后撤 300mm，需要注意的是，以上尺寸均应是到建筑完成面的距离（图 6.12）。

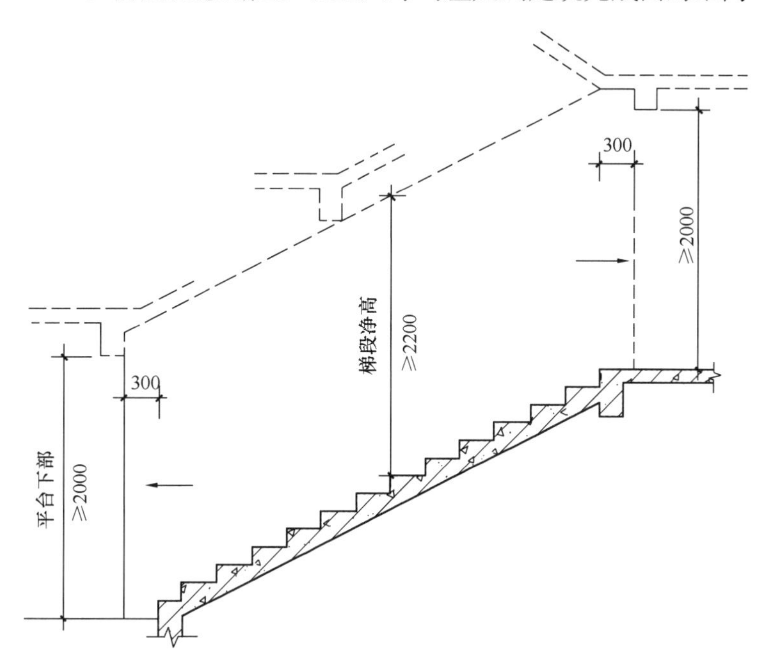

图 6.12　楼梯梯段净高示意图

问题【6.13】

问题描述：

当次梁高度大于主梁高度，或次梁底低于主梁时，未补充节点做法。

应对措施：

当次梁高度大于主梁高度或次梁底低于主梁时，在主梁中除按集中荷载构造要求设置附加箍筋外，主梁中应设置附加吊筋，吊筋直径及根数应根据计算确定，如图 6.13 所示。

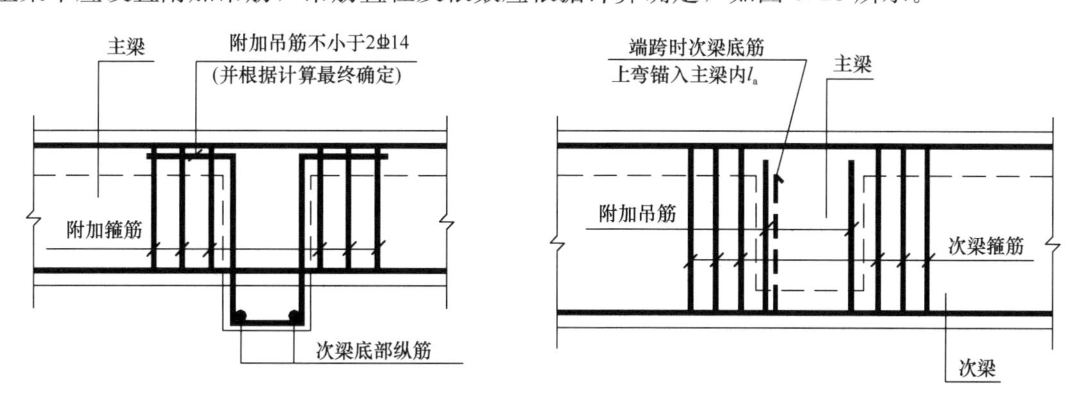

图 6.13　次梁底低于主梁底时节点构造

问题【6.14】

问题描述：

框架梁在梁端墙柱内的水平锚固长度不满足≥$0.4l_{aE}$。

应对措施：

当水平锚固长度不能满足≥$0.4l_{aE}$时，可采用下列方法中的一种或几种：

1）调小梁的纵向受力钢筋直径。

2）加大墙柱的截面尺寸。

3）在墙柱的内边平面内设置暗梁或在柱外侧增设与梁同高的墩头。

4）将梁柱节点区局部加大，按宽扁梁构造设计此节点区。

5）改变柱的方向，使梁与柱正交。

6）对个别节点，也可按框架梁铰接在墙柱上进行设计。

问题【6.15】

问题描述：

钢筋混凝土结构构件加固后，其正截面受弯承载力的提高幅度超过40%。

原因分析：

设计人员重视受弯承载力验算，忽视变形及受剪承载力复核。

应对措施：

正截面受弯承载力的提高幅度不应超过40%，这是为了控制加固后构件的裂缝宽度和变形，也为了保证“强剪弱弯”的设计原则。若采取粘钢板或碳纤维加固，受弯承载力提高40%后仍不能满足加固结构的使用要求，则应采取加大截面法或其他措施。

6

问题【6.16】

问题描述：

改、扩建及加固工程中，承重构件的植筋锚固深度不满足植筋要求。

原因分析：

承重构件的植筋锚固深度按照《混凝土结构加固设计规范》GB 50367—2013式（15.2.3）及式（15.2.5）计算时，往往锚固较深，而原结构用于植筋的钢筋混凝土构件厚度不能满足植筋要求。

应对措施：

《混凝土结构加固设计规范》GB 50367—2013第15.2.6条规定：“承重结构植筋的锚固深度应经设计计算确定；不得按短期拉拔试验值或厂商技术手册的推荐值采用。”具体设计计算时，植筋的锚固深度可根据植筋部位、受力特点、钢筋混凝土构件厚度、结构重要性及抗震等级等因素综合考虑后确定，不宜一概而论。但无论何种情况，工程整体都要执行现行最新的标准。当原有结构实在无法满足规范规定的植筋深度时，可考虑采用更小直径的钢筋，或将构件钻穿后附加锚板等，或改用其他加固方法。

问题【6.17】

问题描述：

轴心受拉及小偏心受拉杆件的纵向受力钢筋采用绑扎搭接。

原因分析：

设计人员对规范不够熟悉，未严格按照《混凝土结构设计规范》GB 50010—2010（2015 年版）第 8.4.2 条进行设计。

应对措施：

专业负责人编制统一技术措施时，应该重点强调该内容；对程序配筋文件出现“PL”“XPL”的构件，应采用焊接接头或一级机械连接接头。其他构件中的钢筋采用绑扎搭接时，受拉钢筋直径不宜大于 25mm，受压钢筋直径不宜大于 28mm。

问题【6.18】

问题描述：

钢筋混凝土剪力墙结构超高层住宅采用装配式时，在结构设计、布置及计算分析中要注意的问题。

原因分析：

钢筋混凝土剪力墙超高层住宅是否适合采用装配式预制构件，应对其合理性进行针对性分析。

应对措施：

1）超高层住宅的主要抗侧力构件不适合采用预制构件。

2）楼盖如采用预制构件影响结构整体安全性时，应以结构安全性为重，综合分析后报政府部门组织的相关专家评审。

3）叠合板布置一般周边要布置混凝土支撑梁。

4）需要分析叠合板对结构整体性及弱连接楼盖水平承载力的影响。

5）分析采用凸窗挂板对结构刚度的影响，要重视预制挂板锚筋等的施工可行性和安全度。

6）如果楼梯采用预制，要分析楼梯间剪力墙整体稳定承载力是否满足要求。

7）需要考虑预制隔墙、预制构造柱等预制竖向构件对结构整体刚度和梁板承载力的影响。

问题【6.19】

问题描述：

配合塔楼幕墙设计时，需要注意的主要问题。

应对措施：

1）理解幕墙受力体系、重量和幕墙与主体的结构支撑方式。

2）如果是拉索幕墙，可能对拉索产生很大拉力，应在施工图阶段保证支撑构件的结构安全。

3）配合幕墙节点设计。

4）对于出屋面幕墙，应在方案及扩初阶段，研究其出屋面的支撑方式及对主体结构的受力影响，以确定合理的幕墙支撑体系。

5）尽早确定幕墙擦窗机的布置，以确定结构形式及梁柱布置。

问题【6.20】

问题描述：

普通钢筋混凝土住宅项目精装交楼，要求管线、开关盒等提前预埋，结构设计时应注意的问题。

原因分析：

精装对预留预埋要求很高，预埋与否、预埋位置等，可能会影响结构设计安全。

应对措施：

1）根据管线数量和管线层数，适当加厚楼板和加强其配筋构造。

2）应尽量避免开关盒布置在剪力墙边缘构件或框架柱上，开关盒的集中布置，会导致竖向构件截面的严重削弱。

3）应充分意识到预留预埋对结构安全的影响，提前和内装设计、电气专业讨论和协调。

问题【6.21】

问题描述：

业主在普通钢筋混凝土住宅项目中采用铝模，结构专业施工配合时需要注意的问题。

应对措施：

1）铝模造价比较高，需要提前设计、组织生产，适合于标准层较多、竖向构件变化较少的项目。

2）出具施工图后，涉及结构外轮廓的构件不能任意修改，否则会导致工厂重新制作，影响工期、增加造价。

3）铝模施工适合主体结构一次性浇筑的工程，因而要考虑构造柱等一次性浇筑对主体结构整体受力的影响。

4）楼板应预留用于上下楼层传递铝模的洞口，洞口可采用下小上大的企口，方便完工后补板。

问题【6.22】

问题描述：

后浇带划分不正确，如穿过楼梯、坡道及紧贴承台等，有时结构柱、结构梁也都在后浇带宽度范围内。

原因分析：

未考虑实际施工的困难。

应对措施：

后浇带须避开楼梯、坡道、结构柱、结构梁、坑井、人防门洞等。

问题【6.23】

问题描述：

预制装配式项目设计时，遗漏预制剪刀梯两梯段间的楼层梁。

应对措施：

装配式剪力墙结构中，楼梯采用预制剪刀梯形式，预制装配式剪刀梯中间需设置楼层梁以支承上部砌体隔墙，使两梯段尺寸一致，采用一套模加工，节省开模费用。

问题【6.24】

问题描述：

由于产品升级换代，在厂房改造的过程中，经常出现生产线设备布置调整的情况，需要对原结构进行复核及加固。

原因分析：

改造后的生产线设备荷载可能超出原厂房的设计荷载要求，需要进行结构复核。

应对措施：

1）按设备实际的荷载大小及布置进行荷载等效，按等效后的荷载与原设计荷载进行比较、复核。

2）验算设备柱脚局压及冲切是否满足要求。

3）以上复核不满足时，根据具体情况进行结构加固处理。

问题【6.25】

问题描述：

设备专业要求预埋穿钢筋混凝土梁的管径较大、套管较多时，造成梁开裂。

原因分析：

由于梁下走设备管线不满足建筑净高要求或者影响建筑效果，但是密集的管线穿梁，又会造成梁的箍筋被截断、梁截面有效高度减少，以致梁开裂。

应对措施：

1）协助设备专业优化管线排布，减少穿梁管线。
2）在满足建筑净高条件下尽量加高梁的截面高度。
3）在穿梁位置预埋钢套管，增大套管的净间距，并做好洞口周边的补强措施。

问题【6.26】

问题描述：

设计选用国家标准图集《多、高层民用建筑钢结构节点构造详图》01SG519（图 6.26），钢结构外露式柱脚采用素混凝十包裹，没有布置抗裂钢筋。

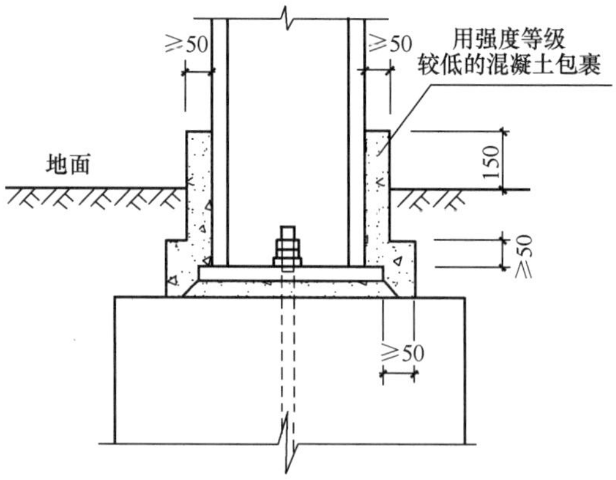

图 6.26 外露式柱脚在地面以下时的防护措施
（包裹的混凝土高出地面 150）

原因分析：

仅采用素混凝土包裹，而不配置抗裂钢筋，素混凝土容易开裂、剥落，水汽侵蚀容易造成室外的钢柱脚锈蚀。

应对措施：

在混凝土包裹层内设置防裂、防剥落的钢筋网片。

问题【6.27】

问题描述：

剪力墙设叠合钢管柱，但钢管柱无抗剪措施。

原因分析：

设计人员对剪力墙内叠合柱受力机理不了解，对规范不熟悉。

应对措施：

剪力墙墙内叠合管柱及方钢管柱外应焊接抗剪钢筋环筋，参见《钢管混凝土叠合柱结构技术规程》CECS 188—2019 第 7.0.2 条第 4 款："叠合柱内钢管设置环筋，以保证内埋钢管与外周混凝土的协同受力。"

问题【6.28】

问题描述：

钢管混凝土柱未注明采用自密实混凝土。

原因分析：

设计人员对钢管混凝土柱混凝土浇灌流程不了解，对规范不熟悉。

应对措施：

钢管混凝土柱、方钢管混凝土柱、叠合柱内钢管及方钢管，须注明内填自密实混凝土。

问题【6.29】

问题描述：

多道框架梁同时与框架柱连接或与框架柱相连的框梁呈多角度相交时，梁柱节点区域钢筋过多，导致混凝土浇灌不密实。

原因分析：

根据建筑柱网及结构受力需要，多梁汇集在同一柱头。

应对措施：

在柱头位置设置环梁，增加梁柱节点区域，保证梁纵筋锚固长度满足规范要求，同时保证梁柱节点区域混凝土浇灌质量。另外，为了减少模板加工及用量，可将环梁做成方形，在四角设置构造钢筋，如图 6.29 所示。

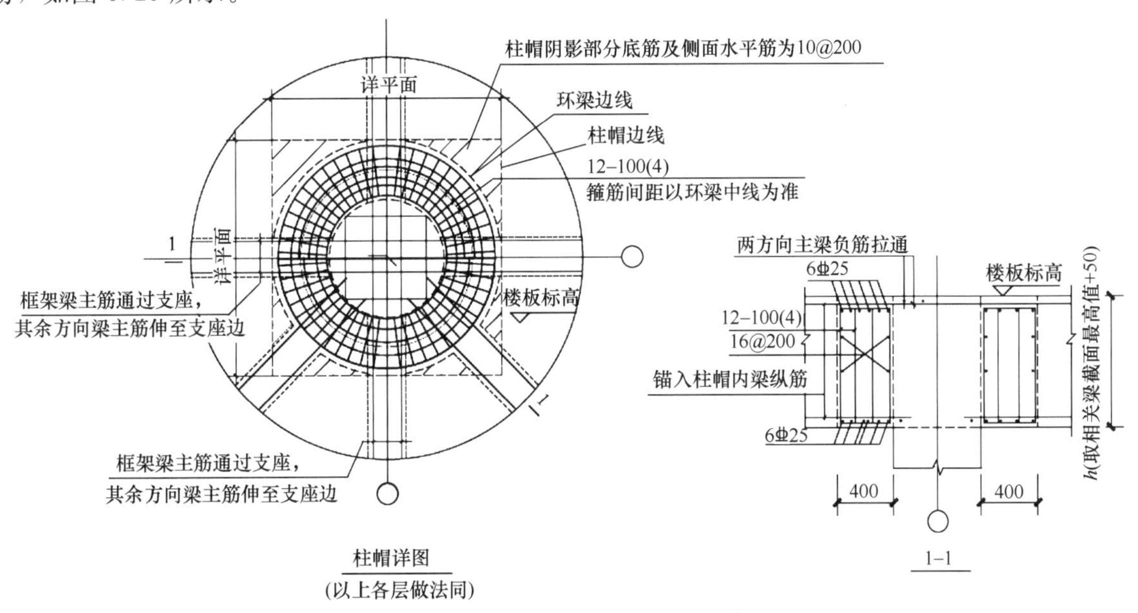

图 6.29　梁柱节点区域钢筋布置示意图

问题【6.30】

问题描述：

屋面板挑檐转角处未设置构造钢筋。

原因分析：

设计人员不重视阳角和阴角处的细部构造，往往过于依赖总说明，对于总说明不能涵盖的情况，将造成转角钢筋少配，楼板开裂。

应对措施：

当挑檐的转角位于阳角时，在挑檐转角处配置放射形加强钢筋（图 6.30-1）。

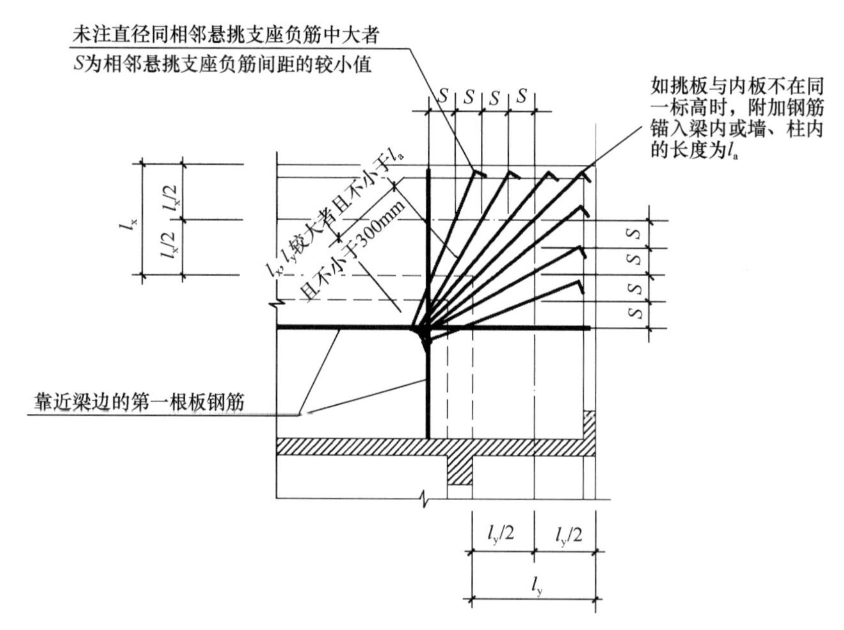

图 6.30-1　转角位于阳角时加强钢筋布置示意图

当转角位于阴角时，应在垂直于板角线的转角处配置加强钢筋（图 6.30-2）。

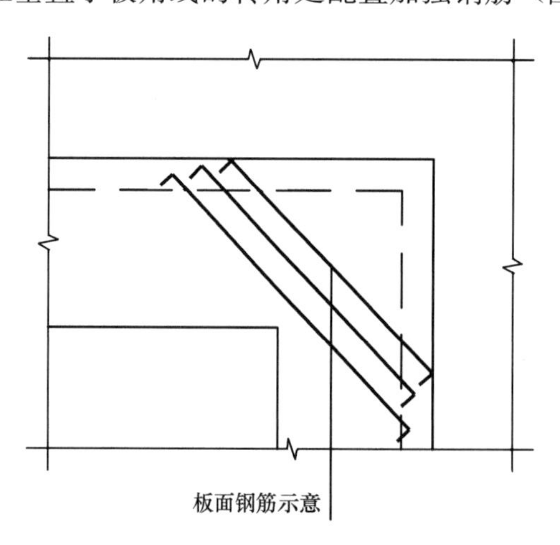

图 6.30-2　转角位于阴角时加强钢筋布置示意图

参 考 文 献

[1] 中华人民共和国住房和城乡建设部，中华人民共和国国家质量监督检验检疫总局．建筑地基基础设计规范：GB 50007—2011. 北京：中国建筑工业出版社，2011.

[2] 中华人民共和国住房和城乡建设部，中华人民共和国国家质量监督检验检疫总局．建筑结构荷载规范：GB 50009—2012. 北京：中国建筑工业出版社，2012.

[3] 中华人民共和国住房和城乡建设部，中华人民共和国国家质量监督检验检疫总局．混凝土结构设计规范：GB 50010—2010. 2015 年版．北京：中国建筑工业出版社，2015.

[4] 中华人民共和国住房和城乡建设部，中华人民共和国国家质量监督检验检疫总局．建筑抗震设计规范：GB 50011—2010. 2016 年版．北京：中国建筑工业出版社，2016.

[5] 中华人民共和国住房和城乡建设部，中华人民共和国国家质量监督检验检疫总局．钢结构设计标准：GB 50017—2017. 北京：中国建筑工业出版社，2017.

[6] 中华人民共和国建设部，中华人民共和国国家质量监督检验检疫总局．岩土工程勘察规范：GB 50021—2001. 2009 年版．北京：中国建筑工业出版社，2009.

[7] 中华人民共和国住房和城乡建设部，中华人民共和国国家质量监督检验检疫总局．建筑结构可靠性设计统一标准：GB 50068—2018. 北京：中国建筑工业出版社，2018.

[8] 中华人民共和国住房和城乡建设部，中华人民共和国国家质量监督检验检疫总局．建筑工程抗震设防分类标准：GB 50223—2008. 北京：中国建筑工业出版社，2008.

[9] 中华人民共和国住房和城乡建设部，中华人民共和国国家质量监督检验检疫总局．混凝土结构耐久性设计规范：GB/T 50476—2019. 北京：中国建筑工业出版社，2019.

[10] 中华人民共和国建设部，中华人民共和国国家质量监督检验检疫总局．人民防空地下室设计规范：GB 50038—2005. 北京，2005.

[11] 中华人民共和国住房和城乡建设部，中华人民共和国国家质量监督检验检疫总局．工业建筑防腐蚀设计标准：GB/T 50046—2018. 北京：中国建筑工业出版社，2018.

[12] 中华人民共和国住房和城乡建设部，中华人民共和国国家质量监督检验检疫总局．地下工程防水技术规范：GB 50108—2008. 北京：中国建筑工业出版社，2008.

[13] 中华人民共和国住房和城乡建设部．高层建筑混凝土结构技术规程：JGJ 3—2010. 北京：中国建筑工业出版社，2010.

[14] 中华人民共和国住房和城乡建设部．建筑地基处理技术规范：JGJ 79—2012. 北京：中国建筑工业出版社，2012.

[15] 中华人民共和国住房和城乡建设部．建筑桩基技术规范：JGJ 94—2008. 北京：中国建筑工业出版社，2008.

[16] 中华人民共和国住房和城乡建设部．建筑工程抗浮技术标准：JGJ 476—2019. 北京：中国建筑工业出版社，2019.

[17] 中华人民共和国住房和城乡建设部．混凝土异形柱结构技术规程：JGJ 149—2017. 北京：中国建筑工业出版社，2017.

[18] 广东省住房和城乡建设厅．建筑结构荷载规范：DBJ 15—101—2014. 北京：中国建筑工业出版社，2014.

[19] 广东省住房和城乡建设厅．建筑地基基础设计规范：DBJ 15—31—2016. 北京：中国建筑工业出版社，2016.

[20] 广东省住房和城乡建设厅．高层建筑混凝土结构技术规程：DBJ 15—92—2013. 北京：中国建筑工业出版社，2013.

[21] 广东省住房和城乡建设厅．高层建筑钢-混凝土混合结构技术规程：DBJ/T 15—128—2017. 北京：中国建筑工业出版社，2017.

[22] 广东省建设厅．锤击式预应力混凝土管桩基础技术规程：DBJ/T 15—22—2008. 北京：中国建筑工业出版社，2008.

[23] 住房和城乡建设部工程质量安全监管司．全国民用建筑工程设计技术措施-结构(混凝土结构)(2009 版). 北京：中国计划出版社，2009.

[24] 朱炳寅．高层建筑混凝土结构技术规程应用与分析：JGJ 3—2010. 北京：中国建筑工业出版社，2014.

[25] 刘金砺，高文生，邱明兵．建筑桩基技术规范应用手册．北京：中国建筑工业出版社，2010.

[26] 徐培福，傅学怡，王翠坤，肖从真．复杂高层建筑结构设计．北京：中国建筑工业出版社，2005.

[27] 高立人，方鄂华，钱稼茹．高层建筑结构概念设计．北京：中国计划出版社，2005.

[28] 杜庆华．工程力学手册．北京：高等教育出版社，1994.

[29] 庄茁．ABAQUS 非线性有限元分析与实例．北京：科学出版社，2005.

[30] [美]爱德华・L. 威尔逊．结构静力与动力分析．北京：中国建筑工业出版社，2006.

[31] 陈岱林．结构软件难点热点问题应对和设计优化．北京：中国建筑工业出版社，2014.

[32] 中华人民共和国住房和城乡建设部．危险性较大的分部分项工程安全管理规定(建办质〔2018〕37 号)，2018.

[33] 中华人民共和国住房和城乡建设部．危险性较大的分部分项工程安全管理办法的通知(质建〔2009〕87 号)，2009.

[34] 广东省住房和城乡建设厅．危险性较大的分部分项工程安全管理办法的实施细则(粤建质〔2011〕13 号)，2011.

[35] 深圳市人民政府．深圳市人民政府关于印发工业区块线管理办法的通知(深府规〔2018〕14 号)，2018.

致　　谢

在本书的编撰过程中，编委广泛征集了工程设计、咨询、建造及工程管理等意见，得到了很多单位及个人的大力支持，在此致以特别感谢！（按照提供并采纳案例数量排序）

1. 深圳华森建筑与工程设计顾问有限公司（105）

姓名	条文编号
张良平	1.1.6、1.1.13、1.2.10、1.4.1、1.4.2、1.5.7、3.3.12、3.2.6、4.1.1、4.1.2、4.2.1、4.2.2、4.2.3、4.2.4、4.2.5、4.2.6、4.2.7、4.2.10、4.2.22、4.2.25、4.2.31、4.2.42、4.2.44、4.2.45、4.2.46、4.2.47、4.2.49、4.2.50、4.2.51、4.2.52、4.2.53、4.2.54、4.2.55、5.1、5.2、5.3、5.4、5.6、5.7、5.8、5.10、5.11、5.12、6.3、6.4、6.5、6.7、6.8、6.9、6.10、6.11、6.12
李力军	1.5.8、3.1.4、3.2.5、3.2.10、5.20、6.17

姓名	条文编号
王卫忠	1.1.1、1.1.2、1.1.7、1.1.10、1.2.11、1.2.12、1.2.13、1.2.14、1.2.15、1.2.16、1.2.17、1.4.3、1.5.3、2.4.5、2.5.31、2.5.32、2.5.33、3.1.3、3.1.4、3.3.2、4.1.3、4.1.4、4.2.8、4.2.38、4.2.56、5.5、5.13、5.14、5.15、5.16、5.17、5.18、5.19、6.13、6.15、6.16
曹伟良	2.4.4、2.5.29、2.5.30、2.53.3.16、5.21、6.14、6.18、6.19、6.20、6.21
彭钦文	3.3.11

2. 深圳大学建筑设计研究院有限公司（62）

姓名	条文编号
张剑	1.1.3、1.1.4、1.2.5、1.2.22、1.2.23、1.2.24、1.3.1、2.1.4、2.5.39、2.5.40、2.5.41、2.5.422.5.43、2.5.44、2.5.45、2.5.46、4.2.5、4.2.12、4.2.13、4.2.14、4.2.15、4.2.16、4.2.17、4.2.19、4.3.2、5.9、5.33、5.44、5.54、5.109、5.110、5.111、5.112、5.113、5.114、5.115、5.116、5.117、5.118、5.119、5.120、5.121、5.122、5.123、5.124、5.125、5.126、5.127、5.129、5.130、5.131

姓名	条文编号
王志刚	5.134、5.135、5.136、5.137
吴兵	5.132、5.133、6.1
刘畅	4.2.20、4.2.21
唐公民	6.2
曾淳锴	6.16
温立立	6.25

3. 奥意建筑工程设计有限公司（55）

姓名	条文编号
商群涛	2.1.5、2.3.3、2.5.3、2.5.13、2.5.14、2.5.15、2.5.16、2.5.20、3.2.7、6.29
潘丽芬	2.5.7、2.5.10、2.5.11、2.5.12、3.1.15
李红芳	1.1.3、2.5.4、6.23
黄卓	2.1.2、2.3.1、2.3.2
尚振伟	3.1.18、3.3.13
钟波峰	2.1.3、2.5.8
何助节	4.2.5、4.2.8
梁明盛	5.25、5.26
殷明灿	2.5.5
李凤云	5.24

姓名	条文编号
魏厚波	2.5.17、3.1.20、3.3.10、3.3.17、5.22、5.23、
张浩翔	2.2.1、2.2.2、2.2.7、6.24
苏云斯	1.5.6、5.27、5.28
张薇	2.2.5、2.5.9、2.5.19
陈欣	2.4.3、5.29
赵德奇	2.2.3、2.2.4
宋徽	4.3.1、5.30
尚振伟	2.4.6
黄春霞	2.5.6

4. 筑博设计股份有限公司（53）

姓名	条文编号	姓名	条文编号
余中平	1.1.5、1.2.2、1.2.21、1.4.3、1.4.4、1.4.5、4.2.23、5.55、5.56、5.63、5.68、5.99	冯平	3.3.16、5.70、5.71、5.72、5.73、5.75、5.76、5.77
王锦文	1.2.4、2.4.2、2.5.2、5.65、5.66、5.74、5.90	陈亮星	5.78、5.79、5.80、5.81、5.82
马镇炎	1.2.6、1.2.18、5.57、5.58	张梅松	1.2.3、1.2.7、1.2.8、1.2.19
陈立民	5.59、5.61、5.69	李斌	5.64、5.83
卢鹏	5.84、5.85	王红	5.107、5.108
谢能俏	3.3.18	王辉	5.94
许博	5.86		

5. 华阳国际设计集团（51）

姓名	条文编号	姓名	条文编号
张琳	1.3.2、1.4.6、1.4.7、2.5.37、3.1.16、4.2.12、4.2.25	程华群	1.5.1、2.5.36、3.1.3、3.1.13、3.2.7、5.46、5.51
张德龙	2.5.34、2.5.35、3.1.18、5.35、5.38、5.50	石星亮	1.2.5、3.1.4、3.1.11、4.2.26、5.41、5.52
田伟	3.1.19、3.2.15、3.3.6、4.2.27、5.37	刘翔	3.1.10、3.1.14、3.3.16、5.34、5.48
李文斌	3.1.12、3.3.14、5.39、5.40、5.45	邓又民	3.2.11、4.2.28、5.42、5.49
陆秋风	3.3.10、5.43、5.53	温李山	3.1.17、5.47
赵桂祥	5.36		

6. 深圳迪远工程审图有限公司（49）

姓名	条文编号	姓名	条文编号
冯海成	1.1.7、1.2.1、1.2.10、1.2.20、1.3.2、2.5.21、2.5.22、2.5.23、3.2.12、3.3.16、4.2.9、4.2.29、4.2.34、4.2.37、5.89、5.91、6.26	刘大钢	2.5.24、2.5.25、2.5.26、3.2.6、3.2.13、4.1.5、4.2.35、4.2.66、5.96、5.103、6.17、6.27、6.28
梅文平	4.1.5、4.1.6、4.2.11、4.2.48、4.2.57、4.2.61、4.2.63、4.2.64、4.2.65	许祥生	1.2.25、2.5.27、2.5.28、3.1.18、3.3.10、3.3.16、4.2.40、4.2.59
黎红	1.1.12、1.3.3、3.2.2、4.2.28、4.2.40、4.3.3、5.62、5.139		

7. 悉地国际设计顾问（深圳）有限公司（40）

姓名	条文编号	姓名	条文编号
李建伟	2.4.1、2.5.1、2.5.46、2.5.47、4.2.30、4.2.36、5.60、5.92、5.100	丁屹	1.5.8、2.2.6、2.2.8、3.1.18、3.2.10、3.3.7、4.2.45、4.2.60
董彦章	2.5.18、4.2.36、4.2.39、4.2.61、4.2.62、5.87、5.96、6.29	吴国勤	4.2.32、4.2.33、5.104、5.105、6.29、6.30
钟勇	1.2.26、3.3.1、3.3.16、4.1.6、4.2.24、5.99	刘金龙	1.5.9、3.2.9、3.3.16、4.2.22、5.93
凌振杰	5.106		

8. 香港华艺设计顾问（深圳）有限公司（33）

姓名	条文编号	姓名	条文编号
曾文兵	1.5.6、2.4.7、3.1.2、3.1.3、3.1.4、3.2.1、3.2.5、3.2.6	郭杰坤	3.1.8、3.1.9、3.2.1、3.2.3、3.2.8、3.3.11
刘海炀	3.1.5、3.1.6、3.2.9	王琦	3.1.7、3.2.4、3.3.16
江龙	3.2.15、3.3.9、3.3.16	冯悦伦	3.2.17、3.2.18
魏延超	1.5.4、3.3.16	邓雄杰	2.5.38、5.138
何涛	4.2.44、5.128	汪洋	5.31、5.32
扈春记	5.31、5.32	朱小龙	1.5.5
于桂明	3.1.5	梁莉军	3.1.6
陈东亮	3.1.7	吴浩	3.1.19
俞歆晨	3.2.4	卢文汀	6.22

9. 深圳市建筑设计研究总院有限公司（31）

姓名	条文编号	姓名	条文编号
谢浩文	1.2.28、4.2.24、4.2.40、4.2.42、5.94、5.95、5.97	钟先锋	2.1.1、3.1.1、4.2.60、5.101、5.102
曹前	1.5.2、3.3.7、3.3.8、5.98	唐匡政	3.3.1、3.3.11、3.3.16、4.2.58
刘聪明	1.2.9、1.2.27、5.96	侯学凡	1.2.27、4.2.41、4.2.42
王益山	3.3.3、4.2.18、5.88	胡裕堂	1.1.12、3.3.4
刘金龙	3.2.9、3.3.16	刘德佳	5.107、5.108

10. 深圳市深大源建筑技术研究有限公司（7）

姓名	条文编号
张扬	1.1.7、1.1.8、1.1.9、1.5.1、3.1.2、3.1.3、3.2.14

11. 深圳市大正建设工程咨询有限公司（5）

姓名	条文编号
谢雄	1.1.10、3.1.18、3.1.22、3.3.5、3.3.15
余莹	3.1.18、3.1.22、3.3.5、3.3.15

12. 深圳市精鼎建筑工程咨询有限公司（1）

姓名	条文编号
吕永清	3.1.21

13. 深圳市市政设计研究院有限公司（1）

姓名	条文编号
曹薇	3.2.16